Guillaume Maurel

Amélioration de vin rouge issu de vendanges botrytisées

AF141263

Guillaume Maurel

Amélioration de vin rouge issu de vendanges botrytisées

Pratiques viticoles et œnologiques pour la lutte contre la pourriture grise

Éditions universitaires européennes

Impressum / Mentions légales
Bibliografische Information der Deutschen Nationalbibliothek: Die Deutsche Nationalbibliothek verzeichnet diese Publikation in der Deutschen Nationalbibliografie; detaillierte bibliografische Daten sind im Internet über http://dnb.d-nb.de abrufbar.
Alle in diesem Buch genannten Marken und Produktnamen unterliegen warenzeichen-, marken- oder patentrechtlichem Schutz bzw. sind Warenzeichen oder eingetragene Warenzeichen der jeweiligen Inhaber. Die Wiedergabe von Marken, Produktnamen, Gebrauchsnamen, Handelsnamen, Warenbezeichnungen u.s.w. in diesem Werk berechtigt auch ohne besondere Kennzeichnung nicht zu der Annahme, dass solche Namen im Sinne der Warenzeichen- und Markenschutzgesetzgebung als frei zu betrachten wären und daher von jedermann benutzt werden dürften.

Information bibliographique publiée par la Deutsche Nationalbibliothek: La Deutsche Nationalbibliothek inscrit cette publication à la Deutsche Nationalbibliografie; des données bibliographiques détaillées sont disponibles sur internet à l'adresse http://dnb.d-nb.de.
Toutes marques et noms de produits mentionnés dans ce livre demeurent sous la protection des marques, des marques déposées et des brevets, et sont des marques ou des marques déposées de leurs détenteurs respectifs. L'utilisation des marques, noms de produits, noms communs, noms commerciaux, descriptions de produits, etc, même sans qu'ils soient mentionnés de façon particulière dans ce livre ne signifie en aucune façon que ces noms peuvent être utilisés sans restriction à l'égard de la législation pour la protection des marques et des marques déposées et pourraient donc être utilisés par quiconque.

Coverbild / Photo de couverture: www.ingimage.com

Verlag / Editeur:
Éditions universitaires européennes
ist ein Imprint der / est une marque déposée de
OmniScriptum GmbH & Co. KG
Heinrich-Böcking-Str. 6-8, 66121 Saarbrücken, Deutschland / Allemagne
Email: info@editions-ue.com

Herstellung: siehe letzte Seite /
Impression: voir la dernière page
ISBN: 978-3-8416-6925-4

REMERCIEMENTS

Ce stage fut pour moi l'occasion d'un apprentissage sur le terrain intéressant et professionnel mais également une expérience humaine et des relations sociales qui donnent au travail son aspect plaisant. Les rencontres enrichissantes et les discours passionnés ont une nouvelle fois confirmé l'intérêt que je porte à l'égard du métier d'œnologue.

Je tiens à remercier en premier lieu mon maître de stage, et maintenant ami, Anthony Yaigre qui a su se montrer patient, pédagogue, toujours calme et raisonné ; ses conseils et ses explications détaillées ont grandement contribué à l'élaboration de ce mémoire et à ma compréhension du monde professionnel. Tous mes remerciements à Monsieur Etienne Priou qui est à l'origine de mon entrée au Château Beaumont et qui m'a accordé toute sa confiance.

Je remercie ma tutrice de stage, Marina Bely, qui a su m'éclairer sur l'ambigüité du choix du sujet de stage en rapport avec ce millésime difficile.

Je remercie également Monsieur Eric Boissenot pour m'avoir accueilli au sein de son laboratoire ainsi que le personnel du laboratoire, et en particulier Marie, pour leur écoute, leur disponibilité et leurs conseils techniques. Je remercie Vincent Renouf du laboratoire SARCO pour sa participation à l'expérimentation.

J'offre toute ma gratitude aux personnels de la vigne et du chai qui ont pris le temps de me former au travail manuel. Je remercie notamment Jean-Charles Nabera-Sartoulet pour ses explications techniques et pratiques en viticulture ainsi que son humour, je remercie dans le même temps Pauline Bahin pour ces connaissances, sa sympathie et sa « banalité naturelle ».

Je remercie tous mes amis pour leur soutien et pour m'avoir changé les idées quand il le fallait.

J'adresse des remerciements particuliers à mes parents qui m'ont toujours soutenu même quand le moral baissait et qui m'ont permis de poursuivre mes études jusqu'ici.

I. Table des matières

Résumé

Le Château Beaumont a déjà signalé des problèmes au niveau de l'intensité de la couleur de ses vins. Or une des caractéristiques d'un vin du Haut-Médoc est sa couleur profonde. Il est désormais bien acquis que l'aspect visuel d'un vin influe sur notre jugement ; une couleur peu soutenue laissera à penser que le vin est peu structuré. Une année favorable au développement des maladies comme *Botrytis cinerea* est d'autant plus préjudiciable à la qualité du moût qui devient alors sensible à la casse oxydasique et qui peut présenter diverses carences. Le sujet de ce mémoire a pour objectif de pallier les problèmes des vendanges botrytisées, dans un premier temps, en limitant la pourriture grise sur la vigne puis en intervenant sur différentes opérations du chai et surtout en développant deux méthodes utilisant le tanisage et le collage à la PVPP et protéines végétales. On cherche par le tanisage à faire précipiter les enzymes d'oxydation provenant du champignon pathogène et favoriser la stabilité de la matière colloïdale colorante et structurante par l'apport de ces tanins œnologiques. Tout comme le tanisage, le collage à la PVPP/protéines végétales permettra de neutraliser les composés sensibles à l'oxydation peut-être plus rapidement. On confrontera ces deux approches pour connaître la méthode la plus efficace et pour savoir s'il est possible, de cette façon, de contourner les problèmes de précipitation accrue d'une thermovinification.

Abstract

Château Beaumont has already indicated quality problems related to the color intensity of their wines. However, one of the defining characteristics of the wines from Haut-Médoc is a deep color. It is now recognized that the visual appearance affects our ability to judge, so weak color suggests a lightly structured wine. A favorable year for diseases such as *Botrytis cinerea* is damaging and leads to deficient grape must which is sensitive to oxidation and can present deficiencies. The purpose of this report is to try to enhance the quality of wine made from grapes affected by grey mould, firstly by limiting infections on the vine; and secondly by intervening in cellar work processes including through the addition of œnological tannins and the fining of wine with PVPP associated with plant proteins. The intention is that œnological tannins precipitate with enzyme (oxidase) related to the disease and to enhance color and to increase mouthfeel and volume. PVPP associated with plant proteins also allows a quicker neutralization of oxidation-sensitive compounds. These two methods will then be compared to determine the most effective in order to replace thermovinification which causes too great colloidal matter precipitation.

II. Introduction

Le Château Beaumont, actuellement sous la responsabilité du directeur technique Etienne Priou, fut construit en 1854 dans un style renaissance dit à la Mansart, dans le Haut-Médoc, sur la rive gauche entre Margaux et Saint-Julien. Depuis 2011, le Château Beaumont appartient à 50 % au groupe Castel et 50 % à Suntory. Le vignoble de ce cru bourgeois est implanté dans les graves sableuses günziennes et s'étend sur 114 hectares d'un seul tenant avec 62% Cabernet Sauvignon, 30% Merlot, 5% Cabernet Franc et 3% Petit Verdot. L'âge moyen du vignoble est de 20 ans avec une densité de plantation de 6666 pieds à l'hectare. L'élevage des vins se fait en fût de chêne durant 12 à 14 mois. Sur les 1230 fûts, 1/3 est renouvelé tous les ans. La production moyenne annuelle est d'environ 600 000 bouteilles pour une cuverie d'une capacité totale de 14 500 hL. Soucieux du rôle de la viticulture sur l'impact environnemental, le château a récemment opté pour une agriculture raisonnée et en 2004, la propriété est reconnue « Terra Vitis ». Le listage de quelques opérations explique plus concrètement l'esprit du domaine. Le Château Beaumont met en place des zones enherbées de 5 mètres au pourtour de chaque parcelle, ajuste la dose de fertilisants et de produits phytosanitaire aux besoins réels de la vigne, applique la lutte culturale et biologique, plante des haies pour diversifier la faune, traite les effluents vinicoles, contrôle la traçabilité, collecte les déchets ou encore adhère à la certification HACCP (Hazard Analysis Critical Control Point) pour assurer la sécurité alimentaire et celle du personnel.

Le Château Beaumont est un cru bourgeois du Haut-Médoc très apprécié avec un excellent rapport qualité/prix. D'après une récente étude (Frech, 2012), il a été constaté que le Château Beaumont était dans les premiers sur le plan qualitatif par rapport à d'autres crus bourgeois proximaux du Haut-Médoc. En revanche, le Château Beaumont s'avère être un de ceux qui présente le moins de couleur lors de dégustations à l'aveugle. Des analyses de son intensité colorante confirment ce qui a été remarqué. Ces analyses ont pourtant été faites sur des millésimes (2007, 2008 et 2009) sans problèmes majeurs de pourriture grise. On comprend alors qu'il y a un déficit « naturel » de couleur malgré des bonnes années. Il s'agit d'un problème intrinsèque lié, au moins partiellement, au sol sableux et très homogène du vignoble.

Ce mémoire définira dans un premier temps le cadre dans lequel s'implante le vignoble avec en particulier son millésime compliqué. En effet, un faible ensoleillement et des pluies sévères aux moments inopportuns annoncent un maigre volume de vin et un faible potentiel en polyphénols. Ce dernier met en danger la couleur du vin mais également sa structure tannique, à plus forte raison lorsque le taux de pourriture grise est élevé. Dans un second temps, il sera décrit les opérations du chai visant à gérer le moût issu de raisins altérés et donc sensible à l'oxydation. La dernière partie fera l'objet d'une expérimentation qui traitera de l'emploi de tanins œnologiques et du collage du moût à la PVPP (PolyVinylPolyPyrrolidone) associée aux protéines végétales. Des dosages polyphénoliques et des analyses colorimétriques seront réalisées sur les différents traitements afin d'étudier leurs impacts sur les phénomènes oxydatifs du vin ainsi que sur la stabilité de la matière colorante et structurante. Des tests triangulaires sensoriels permettront de trancher sur la modalité la plus appréciée et donc sur le traitement à suivre dans des cas semblables.

III. La viticulture

A. Le terroir

1. Le climat

Le climat du mois de juillet 2013 fut difficile au Château Beaumont. La vigne doit vivre avec un minimum de 250 à 300 millimètres de pluies (mm) pendant la période végétative et la maturation : ce seuil est généralement dépassé dans la région bordelaise étant donné son climat océanique et ses vents d'Ouest qui amènent la pluie. Sur la parcelle de Merlot sélectionné pour l'essai que l'on nommera « Fould », on constate que la vigne entre au début du cycle végétatif vers la 14e semaine de l'année, c'est-à-dire début-avril. A ce moment-là, la vigne est au stade B de Baggiolini (bourgeon dans le coton) et la fin de la période de maturation arrêtée par la vendange est arrivée à mi-octobre. De début-avril à mi-octobre la station météo de la ville de Margaux, circonvoisin du château Beaumont, enregistre 426 mm de pluie. La station comptabilise sur 11 mois de l'année 2013 (le mois de décembre est absent) environ 870 mm de pluie contre 777 mm à Bordeaux cette année.

La 15e semaine, 2e semaine du mois d'avril, c'est le débourrement de la parcelle « Fould » avec plus de la moitié des bourgeons au stade C de Baggiolini, le stade pointe verte. La date du débourrement est en retard par rapport à la moyenne des Merlots à Bordeaux qui est habituellement proche du 21 mars d'après des observations réalisées sur 25 ans entre 1961 et 1987. Le débourrement tardif n'est pas dû à une taille tardive car le Château Beaumont taille ses vignes tôt, après la chute des feuilles, lorsque le bois contient ses réserves en amidon. Ce retard peut s'expliquer par les trop faibles températures constatées au moment où le Merlot est normalement apte à débourrer. En effet, la somme des actions journalières comptée à partir du premier janvier 2013 nous indique que le débourrement aurait dû se faire, en théorie, aux alentours du 18 mars (*Annexe 2*). On peut émettre l'hypothèse d'une autre condition importante pour l'exécution du débourrement : le seuil de croissance apparent ou température au-dessous de laquelle la croissance est si ralentie qu'elle cesse d'être apparente. Ce seuil est de 9,4°C pour le Merlot (Pouget, 1968-1988). Le débourrement n'est possible que si ce seuil est atteint durant une période de 3 à 8 jours consécutifs. On constate qu'aux environs du 18 mars, les températures sont bien en-dessous de 9,4°C. En effet, sur la période du 12 au 20 mars la température moyenne est de 5,9°C. La période du 21 au 26 mars pourrait remplir les conditions car la température moyenne de chacun des 6 jours est supérieure à 9,4°C, mais le débourrement ne se fera que la 15e semaine ce qui correspond au début d'une longue période dépassant le seuil. Les 6 jours consécutifs n'ont pas suffi sans doute en raison des grands froids précédant cette période. Ce débourrement tardif peut également s'expliquer par un important déficit pluviométrique durant la période allant du mois de février au mois de mai. La normale des précipitations, calculée sur 30 ans, des 4 mois est de 311,5 mm de pluie contre 239,0 mm de pluie l'année 2013, soit un écart à la normale de 72,5 mm de pluie. Ce déficit hydrique, agissant en synergie avec les faibles températures, a pu limiter les réserves en eau du sol au moment du débourrement.

Le printemps 2013 est en plus particulièrement pluvieux et frais à des stades clefs du développement de la vigne. Normalement, la floraison de la vigne est, et doit être, une période sèche et chaude. La floraison a été tardive en raison du débourrement tardif qui a provoqué un décalage d'environ 2 semaines. La floraison, stade I de Baggiolini, s'est déroulée au Château Beaumont la 25e semaine (mi-juin), ce qui correspond a une grande période pluvieuse puisque la station météo de Margaux mesure 74 mm de pluie dans la deuxième décade du mois de juin. La moyenne sur 30 ans des précipitations de la deuxième décade du mois de juin est de 21,8 mm de pluie soit un écart à la moyenne pour 2013 de 52,2 mm de pluie. De plus, à partir du mois de mai, la somme des températures supérieures à 10°C au cours du temps est significativement plus faible que la moyenne calculée sur la période de 1996 à 2005. Le début du mois de juin a été plutôt favorable à la floraison en termes de température : 17,5 °C de moyenne pour la première quinzaine du mois sachant qu'il est souhaitable d'avoir des températures proches de 20°C les 15 jours précédents la floraison. Les fortes ondées qui ont suivi ainsi que les relatives basses températures pendant la floraison ont provoqué de la coulure et du millerandage. On a également observé 17,5°C de moyenne dans la deuxième décade du mois de juin mais la floraison demande des températures plus élevées, soit entre 20°C et 25°C. Cependant, il semble que cette coulure soit majoritairement due aux pluies qui ont entraîné une grande partie du pollen et donc engendré une mauvaise fécondation des fleurs.

La nouaison, stade J de Baggiolini, s'est déroulée sur la période de fin-juin à début-juillet : la 26e et 27e semaine de l'année. L'idéal est d'avoir un début de stress hydrique à cette période. On peut constater, d'après la station météo, un enregistrement de 4,4 mm de pluie sur ces 2 semaines. Le stress hydrique est trop prononcé : une irrigation contrôlée des plants de vigne s'est imposée. L'irrigation permet d'alimenter le flux xylèmien à cette période et ainsi d'augmenter légèrement la taille des baies. Un stress hydrique plus marqué à l'approche de la véraison est utile pour permettre un arrêt de croissance des souches et ainsi une accumulation de divers composés qualitatifs pour le vin. Malheureusement, la fin du mois de juillet est pluvieuse puisque dans la dernière décade du mois 46,6 mm de pluie sont tombés. La véraison, stade M de Baggiolini, doit attendre jusqu'à la fin-août pour se terminer. Ce stade phénologique primordial s'étend sur la 33e et la 34e semaine. Le mois d'août est chaud et sec avec une température moyenne de 20,4°C et une pluviométrie 24,6 mm de pluie. Cette contrainte hydrique modérée, certes tardive, est nécessaire pour les vins rouges. Elle permet l'arrêt de croissance des rameaux et l'acheminement de la sève élaborée vers les baies qui grossissent bien plus légèrement par rapport à la période avant véraison. Ce stress permet la synthèse d'acide abscissique favorable à la maturation. On constate une accumulation de sucres réducteurs, de tanins, d'anthocyanes et une baisse plus importante d'acide L-malique.

La période de maturation des raisins s'est produite durant le mois de septembre jusqu'à mi-octobre. Le temps a été plutôt clément malgré une mi-septembre pluvieuse et fraîche. Pendant les vendanges, à mi-octobre, le temps est doux et humide. Mais déjà, le 03/10/2013 lors des vendanges de la parcelle « Fould », les maladies de la vigne ont explosé sur l'ensemble du Médoc ; au Château Beaumont, pendant les vendanges, le parasite *Botrytis cinerea* est particulièrement présent et les foyers se multiplient à vue d'œil ce qui nous a poussé à vendanger en légère sous-maturité.

En conclusion sur la climatologie du millésime 2013 et l'impact sur la qualité, il y a eu un faible ensoleillement des grappes qui a provoqué une baisse de la concentration en sucre et une augmentation de l'acidité totale. Le climat a favorisé le métabolisme primaire de la vigne, qui correspond à la croissance, au détriment du métabolisme secondaire, c'est-à-dire l'accumulation, par exemple, de composés phénoliques (Traité d'œnologie tome 1, 6ᵉ édition). Les fortes pluies du mois de juin ont augmenté la vitesse de croissance des vignes et donc un allongement rapide des rameaux et un accroissement de la surface foliaire. La période entre deux rognages consécutifs fut donc écourtée et le nombre de rognage augmenté. On dénombre beaucoup de feuilles par pied. Les intempéries sont à l'origine de l'entassement foliaire constaté ce qui a engendré, pendant la maturation une propagation plus efficace des maladies, notamment le mildiou qui s'est développé précocement et intensément. Le traitement des vignes a été lourd du printemps jusqu'à la récolte pour limiter les dégâts (perte de rendement) et la baisse de qualité (mauvaises saveurs et flaveurs). Beaucoup de pieds ont également été touchés par l'esca. La combinaison du déficit hydrique et de la régulation hormonale de la vigne marque l'arrêt de la période végétative et le début de la phase de maturation des baies de raisin. La récolte fut tardive en raison d'un stress hydrique qui a allongé la croissance végétative et repoussé la véraison. De plus, les pluies au moment de la récolte mécanique ont pu contribuer à la dilution des moûts.

2. Le sol

Les sols du Château Beaumont sont constitués de graves garonnaises profondes composées de graviers, de cailloux roulés et de gros sable reposant sur un sol d'alios et d'argile. Le sol est aussi appelé « graves sableuses günziennes ». Ce type de sol est pauvre et drainant, favorisant ainsi un enracinement profond qui assure une alimentation hydrique et minérale constante. Le sol est moyennement acide avec des teneurs en aluminium qui a certains endroits sur le vignoble peuvent conférer une certaine toxicité aux plants. Des amendements calciques ou magnésiens peuvent être une solution pour ces zones à risque car ils permettent de corriger le statut acido-basique par augmentation du pH. Cette augmentation corrige la dégradation de la structure du sol, la capacité d'échange cationique (CEC) et donc de la fertilité, augmente l'activité biologique du sol et donc améliore l'évolution du sol et évite la toxicité de certains minéraux, susceptibles d'apparaître à des pH inférieurs à 5,5. Il est préférable d'utiliser des produits crus à action lente (calcaire, craie, dolomie) sur les terrains sableux ou graveleux. En terrain argileux, il est conseillé d'utiliser de la chaux qui agit rapidement. Les galets ou cailloux, qui recouvrent la surface du sol, augmentent légèrement la température au niveau des grappes par le phénomène d'albédo. Plus précisément, ils réchauffent les fruits la nuit, par réverbération des rayons solaires infrarouges captés le jour.

Les cailloux peuvent également conserver une certaine humidité ce qui procure une source de fraîcheur durant l'été. Les galets assurent ainsi une certaine constance qui réduit les écarts de température et hydriques et participent, en partie, à l'élaboration du microclimat. Les principaux avantages des cailloux sont l'amélioration de la mécanique des sols par l'aération, la diminution de la compacité et le bon drainage de l'eau.

3. Le cépage

Lors de l'assemblage des vins de Beaumont, le Cabernet Sauvignon constitue la majorité comme la plupart des vins médocains. Le Cabernet Sauvignon donne de la structure tannique et des arômes de petits fruits noirs comme le cassis. C'est un cépage tardif et relativement peu sensible aux maladies, notamment la pourriture grise. Ensuite vient le Merlot qui confère une certaine rondeur mais également du fruité. C'est un cépage précoce qui est plus sensible à la pourriture grise. En dernier le Petit Verdot, ajouté en faible pourcentage, possède un fruité expressif mais aussi des notes d'épices et de la couleur. En effet, un assemblage à 4 % de Petit Verdot suffit à améliorer l'intensité colorante mais encore faut-il stabiliser cette couleur.

On comptabilise sur l'ensemble du domaine divers porte-greffes tels que le SO4, le Riparia Gloire de Montpellier, le Gravesac (utilisé sur sol acide et sec), le Fercal, le 110 R, le 3309C, le 420 A et le 101-14 M. La majorité du vignoble se compose du porte-greffe SO4 planté il y a plus de 20 ans pour sa capacité à augmenter le volume de moût à l'hectare. Cependant, la vigueur qu'il confère au pied de vigne est toutefois intéressante sur des sols pauvres et sableux. Le cépage Merlot sur les parcelles « Fould » qui ont servi pour l'expérimentation est aujourd'hui porté par les porte-greffes SO4. Il existe, à l'heure actuelle, des porte-greffes plus adaptés pour une meilleure maitrise de la vigueur comme le 3309 C ou le 101-14 M (bonne précocité), pour cette raison, lors des complantations (remplacement de ceps morts par d'autres), ce sont ces porte-greffes qui sont utilisés.

B. La conduite du vignoble

1. Les travaux du sol

Avant l'arrivée des froids de l'hiver, le Château Beaumont pratique **le chaussage**, pour protéger les ceps de l'humidité et du froid. Dès que le temps sera rétabli, on fera le déchaussage qui rase les ceps et coupe les racines superficielles. Ces labours permettent aux racines du cep de plonger plus profondément dans le sol, l'alimentation du cep par ces racines sera alors moins climato-dépendant (apport hydrique et minérale régulier). Un autre labour appelé **le griffage** élimine également les racines superficielles mais c'est aussi un désherbage mécanique intervenant pour l'entretien estival dès qu'il y a des herbes entre les rangs. Ces mauvaises herbes font concurrence à la vigne, notamment le chiendent et le liseron qui ont des enracinements profonds. Certains laissent pousser l'herbe sur certains entre-rangs pour réguler l'alimentation azotée et ainsi diminuer la vigueur des pieds de vigne. Au château Beaumont, le griffage est d'importance à l'approche de l'été car des mauvaises herbes ont été identifiées, notamment la morelle noire (*Solanum nigrum*). Les baies toxiques qu'elle contient peuvent se retrouver dans le moût si elles sont accessibles à la vendangeuse. Les labours ont d'autres fonctions comme le maintien d'un sol meuble qui évite l'asphyxie des plantes. Entre autre, l'aération du sol qui favorise la nitrification par les bactéries de l'azote ammoniacal (NH_3) en nitrate (NO_3^-) particulièrement assimilable par les plantes, l'émiettement des couches de terre superficielles qui permet alors la rétention des eaux de pluie et évite le lessivage des matières fertilisantes.

2.   La taille

Le château Beaumont opte pour un palissage dans le plan vertical avec une végétation palissée de façon ascendante. On distingue trois fils releveurs les deux plus hauts sont doublés. Ainsi, lors du relevage, les rameaux sont maintenus relevés sans les attacher. Les fils sont simplement posés sur des crochets positionnés sur différents niveaux du piquet ce qui permet de relever en suivant la croissance des rameaux. Les fils sont attachés à plusieurs piquets intermédiaires tout le long du rang.

La taille est le guyot double consiste en deux bras avec chacun un long bois et un courson (bois court à deux yeux francs). Cette taille tend à épuiser la souche et implique donc une bonne fertilité de la terre et un encépagement vigoureux. Justement, les porte-greffes des parcelles utilisées pour l'expérimentation sont des portes greffes SO4 qui confèrent une bonne vigueur aux plants, de plus ils sont souvent utilisés pour les sols sablonneux. La taille hivernale permet de déterminer la charge, c'est-à-dire le nombre de bourgeons laissés sur le cep. Le vignoble respecte une charge de 7 bourgeons par aste soit 14 bourgeons par cep en guyot double. Il faut ébourgeonner les bourgeons mal orientés pour optimiser la charge. La charge est très importante : trop faible, elle provoque une baisse de la production et une vigueur importante entraînant de la coulure ; trop forte, on risque d'épuiser la souche. En laissant une charge optimale on régule la production, de plus la taille limite l'allongement excessif de la souche qui peut parfois faire entrecroiser deux astes de ceps voisins. Quelques entassements de ce genre ont été remarqués, il faut les éviter sous peine d'une propagation plus rapide des maladies, une mauvaise application des produits phytosanitaires et des pertes de temps pour la taille ou la récolte. Au château, les Merlots de l'essai sont taillés en guyot double avec un cot à un œil franc : c'est une taille mixte. Ce système permet de raccourcir le bras et éviter l'entassement des pieds de vigne. Dans la mesure du possible, les vignerons réalisent le pliage d'un bois sain et aouté, l'arcure ainsi formée freine l'acrotonie. En revanche, les rameaux sont taillés à raz, aucun talon de dessiccation n'est laissé ce qui peut favoriser, à terme, une mauvaise circulation de la sève et une durée de vie amoindrie du cep. La taille guyot est, en outre, peu adaptée à des petites plaies de taille ; les maladies du bois s'installent plus facilement et les ceps atteints sont voués à mourir prématurément, certaines parcelles du Château Beaumont sont atteintes à 30 % de maladies du bois. Jusqu'en 2007, les plaies de taille importantes ont été protégées par un fongicide : l'escudo. Après la taille, les rameaux restant sur les souches sont pliés et liés et le bois taillé est broyé pour nourrir le sol en éléments organiques dans les parcelles saines.

3. Les opérations en vert

Les opérations en vert permettent de limiter le développement végétatif de la souche qui agit au détriment de la qualité des fruits et est nécessaire pour la pérennité de la souche en permettant le stockage de matière énergétique dans le bois (amidon). Ces opérations sont essentielles pour obtenir un bon rapport entre le surface foliaire et les fruits laissés par le viticulteur, on leur attribue bien d'autres avantages tels que la création d'un microclimat, le passage facilité pour les machines agricoles ou encore la bonne application de produits phytosanitaires. Sont ici présentés les travaux de la vigne effectués au Château Beaumont.

L'ébourgeonnage est réalisé en premier pour déterminer la charge, il permet aussi d'aérer les grappes et d'augmenter la vigueur des rameaux producteurs. En fin-mai et début juin, les opérations peuvent commencer car la plante a déjà commencé sa croissance végétative et les rameaux vont très vite pousser.

L'épamprage est la première opération réalisée, elle consiste à éliminer les gourmands, pas ou peu fertiles, et les repousses du porte-greffe (aussi appelé désagatage). On effectue cette opération manuellement et le plus tôt possible, dès l'apparition des repousses, on évite ainsi de trop grosses plaies de taille. Ce travail est fastidieux mais très utile pour limiter les contaminations et augmenter la vigueur des rameaux fertiles. Ensuite, le premier relevage est effectué fin-mai, le second le sera en juin.

Le relevage consiste à agrafer les fils releveurs plus en hauteur sur les piquets ce qui permet le palissage des rameaux les plus longs qui, sinon, tombent sous leur poids et ne

---

peuvent être rognés correctement. D'ailleurs, certains rameaux non relevés croissent de manière excessive en échappant au premier rognage, c'est-à-dire l'écimage, et s'affaissent. Si ce rameau est dans le plan du rang, il peut également échapper aux rognages qui vont suivre permettant de tailler les rameaux sur toutes les faces de la palisse jusqu'à la vendange. Le relevage permet aussi une bonne exposition et aération des grappes. Le relevage est manuel, c'est un travail difficile car les fils sont fortement tendus pour pouvoir supporter le poids des rameaux. Ce dernier facilite l'effeuillage et l'échardage qui arrivent en suivant. Ces deux opérations sont simultanées et manuelles ; elles permettent une bonne maturation du fruit maintenant éclairé par le soleil, une réduction de l'entassement, un bon rapport surface foliaire/quantité de fruit.

L'effeuillage côté soleil levant (Est) est effectué soit mécaniquement par une effeuilleuse qui broie les feuilles : résultat est rapide et plutôt soigné, ou alors manuellement : le résultat est coûteux en temps et en personnel mais l'effeuillage est propre et sans dégât sur les grappes. Il a été réalisé à la nouaison, fin-juin et début-juillet, sur une face, ainsi on limite l'attaque par *Botrytis cinerea*, on augmente le potentiel phénolique et on diminue la note végétale. En effet, on diminue l'humidité autour des grappes, on favorise l'aération et les Ultra Violets (UV) diminuent le développement de *Botrytis cinerea* et l'attaque d'autres maladies par l'épaississement des pellicules qu'ils procurent et accentuent la production de polyphénols. L'effeuillage est donc une lutte prophylactique qui, par ailleurs, permet une pénétration localisée des produits phytosanitaires utilisés pour les grappes. La gestion de l'effeuillage peut être d'autant plus importante pour le Château Beaumont pour pouvoir augmenter la couleur des vins. Ainsi le Château réalise un effeuillage précoce, à l'époque de la nouaison, ce qui favorise la synthèse des pigments de la vigne mais il est à noter qu'un effeuillage peut avoir un impact négatif sur des ceps peu vigoureux ou qui ont un nombre de feuilles restreint car il y a des risques d'échaudage des baies de raisins.

Le rognage optimise un bon développement de la souche, une redistribution de la sève qui privilégie les fruits mais donne lieu au départ des entre-cœurs et un second échardage s'impose. Le rognage est effectué mécaniquement par une rogneuse munie de couteaux rotatifs. Les fréquences de rognage sont adaptées en fonction de la croissance des rameaux plus ou moins rapide selon le climat sur un même vignoble. Après rognage ou désherbage, les détritus restant au sol sont ramassés car ils sont une source potentielle de maladie, ce sont des inocula.

Certaines opérations sont effectuées sur le fruit, comme l'éclaircissage chimique (produit utilisé : étéphon) ou manuel, tous deux réalisés au Château. Il consiste à supprimer une partie de la grappe soit parce qu'elle n'est pas mûre soit parce qu'elle est altérée. L'éclaircissage chimique est réalisé durant la période de maturation du fruit et l'éclaircissage manuel après la véraison quand les contaminations par le *Botrytis* sont apparentes. Dans ce dernier cas, un opérateur, muni d'un sécateur coupe les parties des grappes non qualitatives. Ainsi, il est possible d'homogénéiser la vendange et de freiner les attaques fongiques susceptibles d'être préjudiciables à la qualité du vin.

4. Le traitement des vignes

Les traitements de la vigne ont été particulièrement abondants cette année en raison d'un temps favorable aux maladies. Le Château Beaumont applique à l'essai des traitements biologiques et des traitements dits « opti-dose ». Cependant, il aurait été risqué de sortir brutalement des méthodes conventionnelles surtout dans de telles conditions du millésime. En conventionnel, on compte 7 traitements contre l'oïdium sur le Merlot entre mai et juillet soit une fréquence des traitements de 2 à 3 fois par mois. Plusieurs produits sont utilisés (concentrés entre 80% et 100%) tels que FLINT, ABILIS, ALGEBRE, … On compte de mai à septembre 9 traitements contre le mildiou soit environ 2 traitements par mois avec des produits comme SLOGAN, VALIANT, CASSIOPE, KENKIO, … Il est possible, grâce aux pulvérisateurs, de gérer le nombre de doses à appliquer par hectare pour agir en fonction de l'état des vignes. Les traitements contre *Botrytis cinerea* ont commencé en fin-juin, juste après la floraison des Merlots. Le produit GEOX a été utilisé à raison d'une dose à l'hectare du produit non dilué. Un nouveau traitement est réalisé fin-août avec du TELDOR non dilué à raison d'1,5 dose par hectare puis un troisième traitement avec ARMICARB non dilué à raison de 3 doses par hectare. Le comptage des pieds botrytisés a été fait par les vigneronnes et vignerons rang par rang et la dose de produits a été augmentée en raison du pourcentage croissant du taux de pourriture grise.

D'autres comptages (*annexe 3*) ont été effectués pour d'autres maladies (esca, eutypiose), sur certaines parcelles ainsi que le comptage de pieds morts, de pieds peu producteurs ou manchots. Pour le comptage du mildiou, quelques pieds (placettes), placés sur des parcelles traitées en « bio », « opti-dose » et en conventionnel ont suffi. Des placettes témoins, non traitées à l'aide de bâches, ont également été comptées pour pouvoir comparer (*annexe 3*).

---

5. Maturité des raisins

Pour prévoir la date de la vendange, il est intéressant d'établir la chronologie des stades phénologiques. Sur un terroir donné on retrouve des durées constantes entre chaque stade ; il est alors plus facile de repérer la période de vendange. Cependant, il faut rester attentif au climat de l'année qui influe sur la précocité ou le retard de ces stades. L'identification du stade de maturité du raisin commence par ces contrôles phénologiques.

La qualité de la floraison dépend du profil du millésime qui conditionne l'homogénéité de la floraison ainsi que la coulure. Les pluies de printemps, simultanées à la floraison, ont provoqué de la coulure et ont retardé la véraison. Si au printemps les vignes doivent être suffisamment irriguées, à la nouaison on doit déjà observer une légère contrainte hydrique qui déterminera la taille des baies et la teneur en tanins des pellicules. La véraison doit débuter avec des vignes dont la croissance est définitivement arrêtée. Dans l'idéal, on observe un arrêt de croissance 8 à 10 jours avant la véraison. Cet arrêt précoce est dû à un mois de juillet chaud et sec qui a permis une évapotranspiration favorable et qui permet une bonne teneur en anthocyanes finale dans les pellicules. Cette année est loin d'être idéale et on note un retard de maturité important (voir *Tableau 1*).

AVRIL				MAI				JUIN				JUILLET			
14	15	16	17	18	19	20	21	22	23	24	25	26	27	28	29	30	31
Bourgeons dans le coton	Pointes vertes	Sortie des feuilles		Feuilles étalées	Grappes visibles	Grappes séparées		Boutons floraux séparés			Floraison		Nouaison		Petits pois		Fermeture de la grappe

AOUT				SEPTEMBRE				OCTOBRE				NOVEMBRE			
31	32	33	34	35	36	37	38	39	40	41	42	43	44	45	46	47	48
Fermeture de la grappe		Véraison			Maturation des baies					Vendanges				Mise en réserve d'énergie des bois			

Tableau 1

La politique du château Beaumont en fin de véraison est d'éliminer les grappes qui ont veré à moins de 90 % ; ce sont les vendanges en vert. Pour obtenir un Cabernet-Sauvignon non végétal cette solution est efficace (penser à éliminer les grapillons également) mais ça ne doit pas faire l'objet d'une correction systématique. Les jeunes vignes trop productives

---

subiront des vendanges en vert plus précoces, tout comme les récoltes pléthoriques (surtout chez les Merlots) pour éviter l'entassement des raisins. S'en suivent plusieurs contrôles analytiques (*Tableau 2)*. Les analyses sont effectuées par le laboratoire Boissenot situé à Lamarque. L'Infra-Rouge à Transformée de Fourrier (IRTF) est une technique d'analyse très utilisée dans ce laboratoire car l'appareil peut réaliser, avec une cadence de 30 secondes par échantillon, de nombreuses mesures en simultané (alcool, sucre, acidité totale (AT) et volatile (AV), acide L-malique, pH, …). Les sucres sont dosés pour étudier le Titre Alcoométrique Volumique Probable (TAVP) du moût. Le 3 octobre, jour des vendanges de « Fould », *Botrytis cinerea* est sous sa forme explosive mais le TAVP est correct. L'AT, le pH mais surtout l'acide L-malique sont mesurés. Ce dernier est un excellent marqueur de la maturité du raisin rouge : tant que l'acide malique baisse et que les vendanges ne pourrissent pas on peut laisser la maturation continuer (< 1 g/L d'acide L-malique = maturité du raisin proche). Cette année, ce denier facteur n'a pas été déterminant. Ce sont les foyers de maladie qui ont été limitant, la teneur en acide L-malique est donc restée élevée, on a logiquement un pH bas. Le dosage des anthocyanes totales et extractibles renseigne sur la maturité, plus il y en a et plus on se rapproche de la maturité phénolique. Ces résultats ont été obtenus par la méthode Glories à partir d'échantillons de 200 baies prélevées au hasard sur la parcelle « Floud ». La concentration en anthocyanes n'est pas très élevée même si on a une bonne extractibilité, en revanche les tanins de pépins sont trop présents (Mp>50) ce qui est susceptible de conférer une astringence excessive au vin. Les tanins des pépins se solubilisent dans l'alcool, donc il faudra limiter les remontages en milieu de fermentation alcoolique (FA). Il aurait fallu une contrainte hydrique précoce pour une bonne augmentation du poids des baies pendant la maturation. Cette mesure du poids (*annexe 3)* des baies nous informe de la qualité du raisin ; les grands vins ont les plus petits raisins avec un faible diamètre. Normalement, lorsque toutes ces conditions sont réunies on procède à un dernier contrôle qui est gustatif. La dégustation dans les vignes se réalise au matin et on juge, par nos sensations, l'arôme du fruit ("vert" (pyrazines), "fruit frais", "fruits cuits" (pruneau), déclin aromatique). Si, à la dégustation, le raisin n'est ni "vert" ni "cuit" alors il est "fruit frais" et donc à maturité. Le 20 septembre le Merlot est encore astringent donc non mûr avec des notes herbacées. Le Cabernet-Sauvignon procure toujours une légèrement sensation d'astringence à maturité, il n'est mûr que lorsque celle-ci n'évolue plus. Les Cabernet-Sauvignon sont plus astringents et ont un caractère végétal plus prononcé que les Merlots ce même jour. On goûte à la toute fin le pépin qui sera toujours astringent. Quand il est le moins mauvais, on considère que la maturité de la baie de raisin est proche. Le 9 septembre, la dégustation des pépins n'a pas lieu d'être s'ils présentent des tâches vertes qui démontrent un manque de maturité. Même si les tanins des pépins sont encore trop présents et l'acide malique élevé, la date des vendanges est fixée le 3 octobre. Cela nous semble un bon compromis par rapport au taux de pourriture grise toujours croissant.

Parcelle et dates	FOULD le 20/09/2013	FOULD le 03/10/2013
Sucres réducteurs (g.L⁻¹)	197,1	206,6
TAVP (%)	11,60	12,15
Acidité totale (g.L⁻¹ H₂SO₄)	4,85	4,45
Acide L-malique (g.L⁻¹)	2,52	2,17
pH	3,17	3,26
Anthocyanes pH 1 (mg.L⁻¹)	1220	1212
Anthocyanes pH 3,2 (mg.L⁻¹)	638	696
PA E % (anthocyanes extractibles)	52	57
MP% (proportion tanins pépins)	61	58
RPT (richesse phénolique totale)	55	67

Tableau 2

IV. La vinification

A. Réception de la vendange

La réception de la vendange au chai commence par un égouttage des baies de raisins. Celles-ci arrivent déjà éraflées par les vendangeuses. La benne de transport chargée déverse son contenu, par basculement et par gravité, dans un conquêt de réception pourvu d'une grille pour séparer le jus des baies ; ce jus est issu de l'écrasement des raisins dans la benne et l'eau de pluie tombée dans la benne cette année. Pour réduire cet écrasement il aurait fallu utiliser des bennes de plus faibles profondeurs. Cette étape de séparation permet d'éviter la dilution des moûts par l'incorporation d'un jus de qualité médiocre susceptible d'être oxydé et/ou d'être contaminé par des micro-organismes. A ce propos, le vignoble se situe entièrement à proximité du chai donc le temps de macération du jus issus des baies partiellement écrasées dans la benne est limité et, après chaque déchargement, les bennes sont lavées. Le jus égoutté tombe dans une maie sous le conquêt de réception. On fait, pour chaque parcelle, un prélèvement de ce jus directement dans la maie pour le soumettre à des analyses classiques (densité, température, pH, TAVP), au chai, pour avoir une estimation de la qualité de la vendange. Le conquêt est muni d'un moteur électrique qui permet de créer des vibrations sur la grille. Ces vibrations permettent de faciliter l'égouttage mais aussi, grâce à la modification de la puissance du moteur, de réguler la quantité de baies arrivant sur le tapis de tri. Quand le conquêt est presque vide, une montée en puissance du moteur permet de le vider complètement en attendant l'arrivée d'une nouvelle benne. Sur « Fould », un rang sur trois est vendangé pour remplir chacune des trois cuves expérimentales de manière homogènes.

A la sortie du conquêt les baies passent sous un puissant aimant qui attire tous les morceaux de fer provenant de la vigne, non triés par les vendangeuses. Ensuite, les raisins arrivent sur la table de tri, c'est-à-dire sur un tapis roulant en caoutchouc alimentaire, où le personnel enlève manuellement tout ce qui n'est pas du raisin mûr (pétioles, rafles, feuilles, baies vertes, baies pourries et petits animaux). Pour soigner le tri, il faut un tapis de raisin de faible épaisseur (dans l'idéal des raisins entiers visibles), une longue table de tri, une faible vitesse du tapis roulant (5 à 10 m.min^{-1}) et assez de personnel. Cette année fut difficile pour gérer 104 hectares de vigne à vendanger. Il a fallu vendanger rapidement pour ne pas que la pourriture s'épande de façon excessive. La couche de la vendange sur le tapis était donc épaisse et la vitesse d'avancement du tapis trop importante pour que les opérateurs suivent correctement. De plus, l'écrasement partiel des raisins ne facilite pas le tri à cause du jus mais l'inclinaison du tapis vers la maie permet son écoulement partiel. L'ajout de tanin commercial a été directement ajouté sur la vendange en bout de tapis.

B.   Le foulage

La vendange triée sort de l'autre côté du tapis pour tomber dans le fouloir. Le foulage favorise la fermentation alcoolique par libération des constituants des baies (sucres, acide aminés, minéraux) et permet une bonne macération des parties solides dans le jus qui libèrent les composés phénoliques essentiels à la structure et la couleur d'un vin. Le château possède un fouloir à cannelure composé de deux rouleaux en matière plastique tournant en sens inverse et réglé pour éclater les baies de manière à libérer le jus et la pulpe. Le réglage est important. Trop rapprochés par rapport à la taille des baies les rouleaux écraseront des débris végétaux donnant au moût un caractère herbacé. En outre, les pépins peuvent aussi être écrasés donnant au moût un excès de tanins qui se complexeront moins et précipiteront difficilement, ces tanins agressifs, astringents et amers sont à proscrire dans les vins. Des bouts de rafles ou des pétioles qui ont échappé à l'attention des opérateurs du tri pourront éventuellement être écrasés et alors libérés leurs sucs végétaux non recherchés dans le vin. A l'inverse si les deux rouleaux sont trop éloignés, beaucoup de baies seront entières, des processus de macération carbonique peuvent se manifester et modifier l'objectif du type de vin souhaité. Dans ce dernier cas, le vin de presse peut contenir du sucre encore présent dans les baies entières. Le bon réglage est ajusté par essai et vérifié visuellement, les baies doivent être éclatées. Une mesure du taux des bourbes s'avère utile pour confirmer l'efficacité du matériel. La triture de la vendange doit dans tous les cas être minimisée mais on doit redoubler d'attention pour les vendanges botrytisées. En effet, les pellicules des baies sont fragilisées par la forte activité enzymatique du champignon et le β-glucane qu'il produit se disperse avec aisance dans le liquide et gêne par la suite la clarification. La vendange, une fois foulée, est désormais sensible à l'oxydation et à la « casse oxydasique » causée par les laccases de *Botrytis cinerea*. Pour tenter de pallier ce problème une pompe doseuse de dioxyde de soufre (SO_2) injecte à petites doses mais continuellement le SO_2 liquide dans la vendange juste après son foulage. Une vis sans fin envoie la vendange foulée dans une canalisation qui assure l'acheminement de celle-ci dans une cuve. Ce procédé favorise l'homogénéisation du SO_2 dans la cuve mais un remontage d'homogénéisation après que la cuve soit pleine est tout de même nécessaire. Selon le taux de pourriture, la concentration en SO_2 dans la cuve varie entre 5 et 8 $g.hL^{-1}$.

C.   L'encuvage

La vendange foulée est sensible à l'oxydation, surtout quand elle chute de la hauteur de la cuve. Pour cette raison, avant l'encuvage de la vendange foulée, la cuve doit préalablement être saturée par un gaz inerte, le dioxyde de carbone (CO_2) ou le diazote (N_2). Aussitôt après l'encuvage on réitère l'inertage puis on colonise le milieu par des levures fiables sur vendanges pourries. Ceci est important car les vendanges pourries peuvent cacher un nombre important de populations microbiennes « indigènes ». Il n'y a donc pas de macération pré-fermentaire pour éviter la décoloration du milieu par casse oxydasique. Le choix du levurage d'une souche commerciale s'impose pour assurer une bonne cinétique fermentaire et une faible déviance aromatique. Des levures sèches actives (LSA), levures déshydratées et emballées sous vide présentées sous forme de granulats peuvent être utilisées. On a choisi au château les levures ACTIFLORE F33 de chez Laffort. La description commerciale de cette souche de levure met en avant une bonne capacité fermentaire (bonne survie à 16% vol.), un besoin faible en azote, une température optimale de fermentation comprise entre 13°C et 30°C, une cinétique fermentaire régulière, un impact aromatique sur le fruité pour les vins rouges et une faible production d'acidité volatile ce qui est d'importance dans le cas de vendanges pourries. Il faut éviter un temps de latence trop long et donc ensemencer le milieu très tôt à raison de 20 $g.hL^{-1}$ de LSA. Ainsi, le levurage est réalisé le jour de l'encuvage lors d'un remontage d'homogénéisation à l'abri de l'air. Le tanisage a été effectué à l'encuvage

---

pour complexer les tanins et les anthocyanes, les tanins de pépins n'étant pas extraits à ce stade. Sur vendanges non pourries il est possible d'utiliser des enzymes pectolytiques pour accroître la concentration en tanins mais le tannisage est ici préféré pour les vendanges pourries pour éviter l'extraction du β-glucane. Les trois cuves expérimentales utilisées en acier inoxydable de 113 hL sont aussi hautes que larges pour une extraction de qualité. L'acier étant un bon conducteur thermique il est nécessaire de pouvoir refroidir et réchauffer le contenu de la cuve quand on le souhaite grâce à un échangeur thermique. Ces cuves sont d'ailleurs munies d'une sonde pour la température du jus et d'un échangeur thermique interne.

D. La gestion de la fermentation alcoolique (FA)

La particularité du millésime 2013 est la maturation lente des raisins et les vendanges tardives qui en découlent. Le froid et la pluie ont été les deux principaux facteurs de ces phénomènes. Il a fallu adapter la gestion des fermentations alcooliques des moûts. Précédemment, on a évoqué l'importance d'un départ rapide en fermentation pour éviter des macérations pré-fermentaires susceptibles d'être néfastes pour les moûts botrytisés. Un paramètre important pour éviter ce départ latent est la température, à savoir qu'une température de moût de 20°C est recommandée, d'ailleurs si la température est trop élevée (28°C) des problèmes d'acidité volatile peuvent survenir. L'avantage de vendanger avec des machines est de pouvoir s'adapter avec le climat pour récolter. On peut donc choisir de récolter rapidement lors d'une courte période chaude et ensoleillée. Le climat ne s'y prêtant pas cette année, le réchauffement du moût jusqu'à 20°C, le levurage et l'homogénéisation furent nécessaires.

La FA commence dès la chute de la densité et c'est à ce moment-là qu'on se doit d'intervenir par des opérations particulières en vue de l'optimisation du déroulement de la fermentation. Tant que la cuve est saturée en CO_2 elle peut rester ouverte mais des applications régulières de CO_2 dans la cuve sont nécessaires (tous les matins pendant la FA). Il est important d'aérer le moût quand la fermentation est bien enclenchée c'est-à-dire quand le moût a baissé de 20 points. A cet instant les levures sont en phase de croissance et le dioxygène (O_2) de l'air dissout dans le moût améliore la croissance et la survie des levures grâce à la synthèse de stérols et d'acides gras insaturés favorable à une bonne perméabilité membranaire des levures. Pour aérer il faut déverser le jus, filtré par une grille interne positionnée face à la vanne, dans une baille en favorisant les contacts avec l'air. Puis, à l'aide d'une pompe on réinjecte, par le haut de la cuve, le jus aéré. Les cuves de l'expérimentation ont été aérées de cette façon mais certaines cuves du château Beaumont sont équipées de pompes automatiques où les remontages sont programmables avec ou sans aération (dispositif permettant l'injection d'air dans la canne de remontage). Les moûts ont été aérés à raison d'une fois par jour pendant les trois premiers jours de la fermentation alcoolique. En outre, ce protocole de **remontage avec aération** permet d'éliminer le dihydrogène sulfure (H_2S) produit pendant ces trois premiers jours. Au-delà de ces fréquences d'aération on peut perdre de l'arôme et sur vendanges pourries le risque est agrandi. Une aération n'est pas un remontage d'extraction, il faut prendre soin de réinjecter le jus sous le chapeau si l'on a déjà remonté. Cependant il est tout à fait possible d'aérer lors d'un remontage d'extraction (moins de tritures et gain de temps). Ces remontages sont utiles pour apporter de l'O_2 aux levures au moment choisi, pour homogénéiser la température qui a tendance à augmenter après une aération et aussi pour homogénéiser la population de levure plus grande dans le marc.

Lorsque le marc est formé par la remontée du CO_2, vient **le remontage d'extraction** qui consiste à arroser le marc avec du jus en prélevant le jus du bas de la cuve et en le réintroduisant en haut de la cuve, sur le marc, par l'intermédiaire d'une pompe, de tuyaux et d'un tourniquet central qui le disperse de manière homogène. Ce dernier améliore l'extraction des constituants du marc dans le moût en limitant la formation de chemins préférentiels du jet sur le marc. Sur vendanges pourries il faut veiller à limiter l'aération et la sur-extraction pour cette raison il n'y a pas eu de délestage.

Sur les trois cuves de l'expérimentation, les remontages ont été effectués sur les six premiers jours de la cuvaison. On remonte une fois le volume de vendange que contiennent les cuves soit 65 hL par jour. Cependant, le remontage est fractionné en deux temps ce qui revient à remonter un ½ volume toutes 12 heures ; avec un débit 100 hL.h^{-1} paramétré sur la pompe à vin soit un temps de remontage de 20 minutes par cuve.

Dès le troisième jour après la FA, la chaptalisation des cuves fut nécessaire pour augmenter le TAVP, un peu trop bas. Dans le but d'atteindre un TAV d'environ 12,7 %, on ajoute différentes quantités de sucre selon la densité des cuves (voir *tableau 3*) sachant que 17 g.L^{-1} de sucre donnent environ 1 % d'alcool. Suite à cet ajout de sucre, il faut prévoir une hausse de la température et agir en conséquence par un refroidissement, réalisable grâce à l'échangeur interne et une homogénéisation de la cuve.

Cet échauffement de la cuve, surtout au niveau du marc, est dû à l'activité métabolique des levures.

N° cuve	Volume (hL)	TAVP (%) à l'encuvage	TAVP (%) souhaité	Différence des TAVP (%)	Concentration de sucre à ajouter (g/L)	Sucre ajouté pour la cuve (kg)
224	65	12,17	12,7	= 0,53	0,53 x 17 ≈ 9,0	9,0 x 6,5 = 58,5
226	65	12,21	12,7	= 0,49	0,49 x 17 ≈ 8,3	6,0 x 6,5 = 54,0
228	65	12,26	12,7	= 0,44	0,44 x 17 ≈ 7,5	7,5 x 6,5 = 48,8

Tableau 3

La FA est suivie quotidiennement par la mesure de la densité et de la température après homogénéisation de la cuve par un remontage (Fig. 1, 2 et 3). On établit ainsi la cinétique fermentaire correspondant au cycle de croissance des levures. Quand le mustimètre indique des densités inférieures à 1,000, la fermentation alcoolique est sur la fin voire terminée (la présence de β-glucane et d'autres composés surestime la densité). On s'est assuré, le 11 octobre, d'une faible concentration en sucres réducteurs, par dosage chimique, c'est-à-dire inférieur à 3 g.L^{-1} pour les vins issus de vendanges pourries.

A propos de pourriture grise, quelques précautions ont été prises. Le suivi de dégradation de l'activité laccase (AL) a été tracé pour chacune des trois modalités de l'arrivée de la vendange à l'écoulage (Fig.4). Ce « test laccase » (Botrytest) est facilement réalisable au chai, il permet de déterminer le risque oxydatif. Pour cela, on doit percoler le moût non sulfité (s'il est sulfité il faut ajouter du peroxyde d'hydrogène au moût) à travers une colonne de polyvinylpolypyrolidone pour le priver de ses composés phénoliques. Ensuite on y ajoute un réactif spécifique de la laccase, la syringaldazine. Cet orthodiphénol est incolore mais lors de son oxydation par la laccase, il se transforme en quinone rose-mauve. Après un certain temps, il faut comparer l'intensité de la couleur de notre préparation à un abaque coloré fourni dans le kit. Le résultat s'exprime en unité laccase c'est-à-dire en quantité d'enzyme capable d'oxyder une nanomole de syringaldazine par minute. Un test à l'alcool sur le moût a mis en évidence la présence de β-glucane (>15 mg.L^{-1}) par la formation d'un précipité. Puis, à mi-FA, des enzymes appelées β-glucanase ont été ajoutées pendant un remontage d'homogénéisation en vue d'aider la filtration et la clarification. Le produit utilisé se nomme « Extralyse » (Laffort) et a été utilisé à raison de 10g.hL^{-1}. Ces enzymes dégradent le β-glucane de *Botrytis cinerea* et permettent ainsi d'éviter les phénomènes de colmatage.

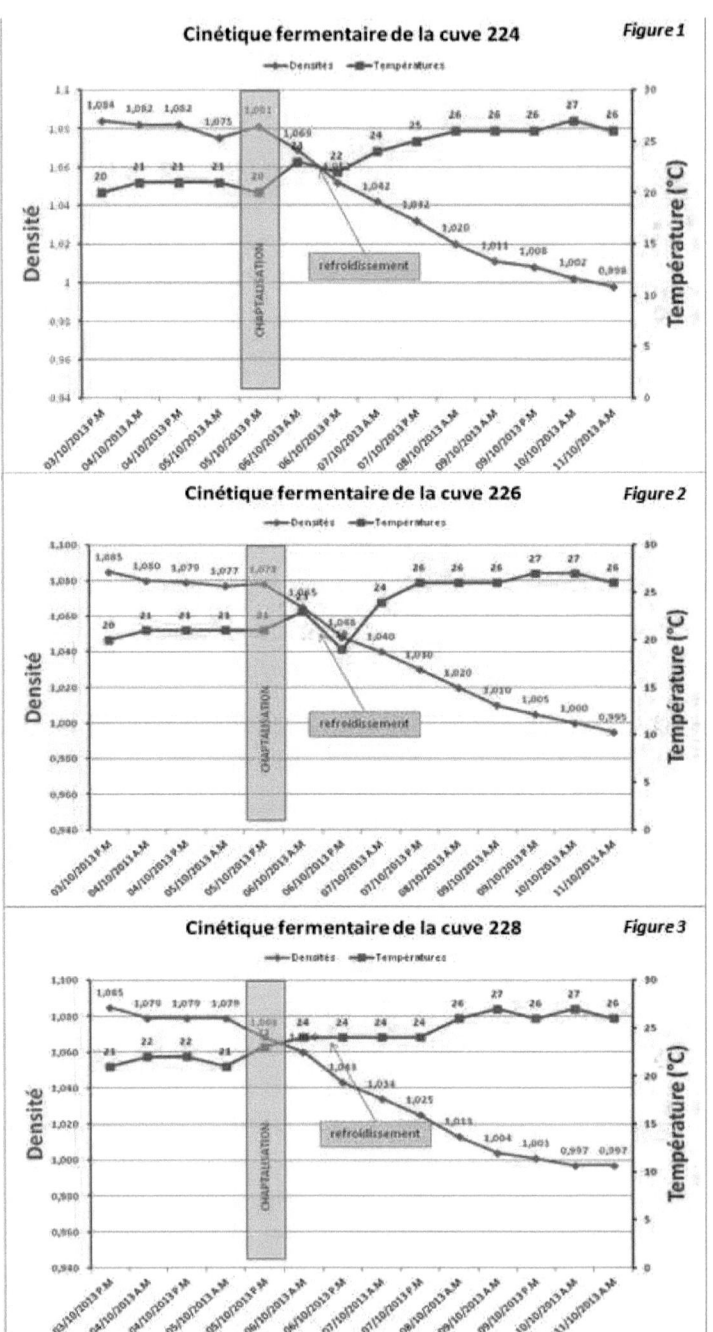

La macération s'est vue écourtée afin de ne pas extraire excessivement les mauvais constituants du marc. La seule macération fut pendant la FA qui, en moyenne, pour l'ensemble du cuvier, a duré une dizaine de jours. La triture de la vendange par les canalisations, les pellicules fragilisées par les enzymes de *Botrytis cinerea*, le sulfitage important et le mauvais état sanitaire et de maturité de la vendange sont des arguments en faveur d'une courte macération. On espère, en dépit de cette seule macération, grâce à un traitement adapté, améliorer la stabilité de la couleur en favorisant les complexes tanins-anthocyanes et écarter les défauts organoleptiques. La difficulté est de favoriser cette stabilité sans sur-extraire. Les tanins de pépins sont extraits en fin de FA quand le marc libère ses composés dans un milieu riche en alcool, la macération courte permet de limiter leur concentration dans le vin et ainsi d'abaisser l'âpreté qu'ils peuvent procurer. Il est conseillé de conduire la FA à température modérée (25°C). Cette température conditionne un bon développement des levures en permettant la synthèse de composants membranaires prévenant des difficultés fermentaires. L'alcool a l'effet contraire et agit en synergie avec des températures hautes (30°C). De plus, une température modérée permet un développement de l'arôme fruité intéressant et modère l'effet dissolvant du milieu. La température a progressivement et naturellement monté jusqu'à environ 27°C en fin de fermentation. Cette hausse permet de favoriser l'extraction croissante et progressive des anthocyanes et des tanins.

D'après les analyses du moût, à l'encuvage, on se doit de mettre à égalité les teneurs en azote assimilable pour la levure dans les trois cuves expérimentales : cuves 224, 226 et 228. Les concentrations sont proches et correctes pour les cuves 226 et 228, respectivement 182 mg.L^{-1} et 186 mg.L^{-1}, mais la teneur pour la cuve 224 est plus faible : 175 mg.L^{-1}. La levure F33 n'est pas très demandeuse en azote assimilable, il s'agit alors d'ajouter 10 mg.L^{-1} dans la cuve 224 pour amener la concentration finale à environ 185 mg.L^{-1}. On utilisera du Thiazote, activateur de la FA créé par Laffort, pour combler cette légère carence azotée. Le Thiazote est composé de sulfate d'ammonium ($\approx$ 99,88 %) et de chlorhydrate de thiamine ($\approx$ 0.12 %). En considérant, par approximation, que le Thiazote est uniquement constitué de sulfate d'ammonium, 10 g.hL^{-1} de Thiazote apportent 21 mg.L^{-1} d'azote assimilable *(voir le calcul en annexe 1)*. Il faut ajouter environ 4,8 g.hL^{-1} $\left(\frac{10*10}{21}\right)$. Le volume de vendange faisant 65 hL il faut ajouter 310 g de Thiazote (4,8 $*$ 65). Le Thiazote est ajouté d'un coup dès le départ de la FA lors d'un remontage d'homogénéisation, le moût n'étant pas excessivement riche en sucre. Si le moût avait été riche en sucre on aurait convenu un ajout fractionné d'azote assimilable, au départ de la FA puis au cours de la phase stationnaire (Bely *et al.*, 1994). En outre, pour éviter un arrêt prématuré de la FA, la combinaison d'une aération au début de la FA et de l'ajout d'azote assimilable paraît satisfaisante. L'amélioration de la cinétique fermentaire par un ajout d'azote assimilable approprié s'expliquerait par une reprise de la synthèse protéique de la levure ; l'aération permettrait l'obtention d'une fluidité membranaire optimum par la synthèse de stérols, une température de FA modérée favoriserait la synthèse d'acides gras insaturés favorable à une bonne activité des perméases. Des carences en azote assimilable, plus récurrentes sur vendanges pourries, peuvent être à l'origine de fermentations languissantes, de la production excessive d'acidité volatile, d'alcools supérieurs et de composés soufrés malodorants, et d'une baisse de la synthèse d'esters aromatiques. Les FA se sont bien déroulées avec des cinétiques régulières et très semblables dans les trois modalités (224, 226 et 228) décrites ultérieurement.

E.   La cuvaison

Une cuvaison plutôt courte a été envisagée pour plusieurs raisons : pour éviter la sur-extraction, l'apparition de défauts (odeurs de moisi, champignon), l'oxydation du marc (nombre de laccases plus élevé dans le marc) mais aussi parce que la fermentation alcoolique s'est déroulée en cuve ouverte. Les problèmes d'origines bactériennes et les pertes d'alcool par évaporation sont ainsi réduits par la cuvaison courte. Avant l'écoulage un « test laccase » a été effectué sur les trois cuves expérimentales. Des résultats rassurants (Fig. 4) ont permis de rallonger le temps de cuvaison après la fermentation alcoolique de 5 jours en prenant garde, au moyen de dégustations avec l'œnologue, de ne pas accentuer les défauts. Puis fut décidé la date de l'écoulage dans des barriques Bossuet usagées (2010) de 225 litres où se fera la fermentation malolactique (FML). On souhaite, de cette manière, étoffer le vin de notes boisées. Chacune des trois cuves permettra de remplir 5 barriques, on a donc au total 15 barriques. L'écoulage s'est déroulé par gravité, le vin a été dégrossi avant d'être entonné. Bien sûr, les cuves ont été homogénéisées avant cet écoulage pour obtenir le même jus dans les barriques. Sans cette pratique, des concentrations en sucre plus élevées se seraient manifestées pour l'entonnage des dernières barriques avec une population en bactéries lactiques et en levures plus importante. On peut imaginer une concentration d'acidité volatile plus élevée pour ces dernières barriques et des FML languissantes pour les premières. Aussitôt entonnées, les barriques sont mises dans le chai à une température de 20°C. Un « garde-vin » de 3 hL est rempli de vin provenant d'une des trois cuves : il est utile pour l'ouillage d'une barrique sur les 5 pour chaque modalité. C'est cette barrique qui sert à ouiller les 4 restantes.

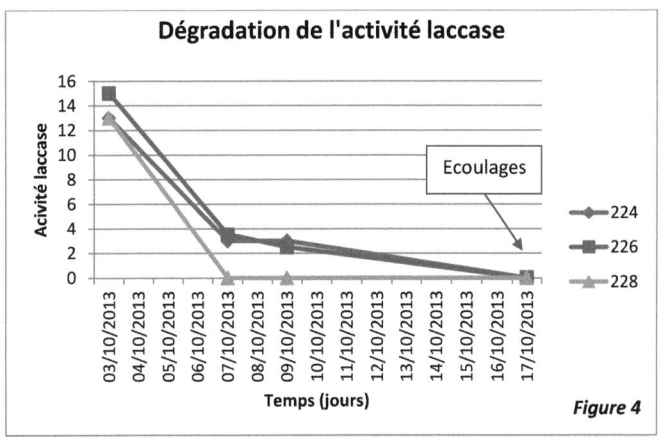

Figure 4

F. L'égouttage et l'écoulage

L'écoulage a servi à extraire le vin de goutte, le jus le plus qualitatif. Celui-ci a été égoutté, par gravité, dans des grands cuvons souterrains. Toutes les parties solides sont restées dans la cuve en un seul bloc qu'on nomme le marc. Le marc est encore imbibé de jus, le vin de presse, qu'on ne peut se permettre de ne pas récupérer car il bonifie, par un assemblage bien choisi avec le vin de goutte, le vin final. Avant le pressurage du marc il faut le sortir de la cuve de façon délicate. Les pellicules ont été fragilisées par la macération et d'autant plus qu'elles ont été infectées par *Botrytis cinerea*. La formation de bourbes est inéluctable mais peut être limitée en travaillant manuellement comme il a été procédé. La portière de la cuve est ouverte et à l'aide d'un « tire-marc » on dégage celui-ci dans des bacs en dessous de la cuve. Comme certaines cuves sont en hauteur, il a fallu aménager un « toboggan » allant de la portière jusqu'au bac posé au sol. Quand suffisamment de marc est récupéré il est alors possible d'entrer dans la cuve pour sortir le reste par la portière, des pelles et des râteaux sont utilisés pour casser et sortir le marc. Un détecteur de CO_2 portatif permet de travailler en sécurité durant toute la manœuvre. Des bacs de 5 hL sont remplis et rapidement transportés vers le pressoir à poste fixe. Ensuite il faut vider les bacs dans le pressoir au moyen d'un chariot élévateur. Environ 10 bacs de 5 hL peuvent être vidés soit un pressoir d'une capacité de 50 hL. La réalisation de toutes ces opérations doit se faire rapidement pour éviter l'oxydation du marc et le développement de bactérie acétique. En outre, l'hygiène est primordiale : le chai, le pressoir, les bacs et tous les outils qui ont été en contact avec le marc sont désinfectés (Multigrap et Oxygrap) et rincés à l'eau.

G. Le pressurage

L'objectif est de compresser le marc de manière délicate afin d'extraire la meilleure partie de celui-ci. Le pressurage des parties solides doit être fait à basses pressions pour éviter de déchiqueter la peau des raisins et ainsi diminuer le taux de bourbe. Un excès de bourbe peut donner un caractère végétal, astringent et amer. Le jus de presse issu du pressoir n'est pas de même qualité tout au long du pressurage. Il faut veiller à bien séparer les jus de presses en fonction de leur qualité. Après avoir mis le marc dans le pressoir on laisse le vin s'égoutter sans lui soumettre de pression, on récupère ainsi le vin de d'égouttage c'est-à-dire le meilleur des vins de presse. Ensuite on applique un premier cycle de faible pression (voir *tableau 4*).

Cycles	1	2	3	4	5	6	7	8	9
Pression (mbar)	100	200	300	400	500	600	700	800	900
Temps (secondes)	300	240	180	180	180	180	150	150	150
Rebêchages (tours)	0	0	0	0	0	0	0	0	2
Cycles	10	11	12	13	14	15	16	17	18
Pression (mbar)	350	550	750	950	1200	800	1150	1500	1800
Temps (secondes)	240	220	150	150	150	240	180	180	150
Rebêchages (tours)	0	0	0	0	3	0	0	0	4

Tableau 4

Plus la pression monte et moins le vin de presse est bon car au fur et à mesure de la montée en pression et des rebêchages le marc est trituré. Le château Beaumont utilise un pressoir pneumatique Vaslin-Bucher RPF 50 cylindrique et horizontal de grande capacité (50 hL), cette catégorie de pressoirs est respectueuse des marcs. Une membrane latérale tapisse la moitié interne du pressoir, elle est gonflée à l'air pressant ainsi le marc contre l'autre moitié constituée de drains. Selon la qualité des presses il y aura ou non assemblage après la FML à des taux allant de 5% à 10% pour les vins de goutte de meilleure qualité. Les presses issues de vendanges pourries ne seront pas forcément ajoutées étant donné leur état sanitaire et de maturité.

H.   La conduite de la fermentation malolactique (FML)

Cette année les vins sont riches en acide malique à cause d'une récolte effectuée avant la maturité optimale. La FML est très importante car l'acide malique est un composé biologiquement très instable, le vin ne doit quasiment plus en contenir après la FML. Certains micro-organismes sont capables de l'utiliser et l'acidité volatile voit sa concentration augmenter. Lors de la FML, il y a toujours une production d'acidité volatile, surtout vers la fin de celle-ci quand l'acide malique est presque entièrement dégradé. On attribue cette augmentation d'acidité volatile à la dégradation de l'acide citrique mais aussi à l'utilisation de certains sucres. La dégradation de l'acide malique produit du CO_2 et de l'acide lactique qui a donc une fonction acide (-COOH) de moins que l'acide malique. Cette réaction provoque la baisse de l'acidité totale. Cette fermentation est essentielle pour l'assouplissement du vin et pour la complexité, en effet le vin est moins acide, plus velouté et des notes beurrées peuvent apparaître.

Au château, on a procédé à l'inoculation de bactéries lactiques (*Œnoccocus œni*) pour les cuves inox. Pour les expérimentations en fût, on a fait le choix de FML spontanée car la FA s'est bien terminée (sucres $<2g.L^{-1}$, traces de SO_2 libre et moins 25 $mg.L^{-1}$ de SO_2 total), l'acidité volatile est basse et la concentration en acide malique est élevée. La FML, une fois enclenchée, s'est poursuivie vers 20°C. Avant l'entonnage, les fûts ont été nettoyés d'abord par un rinçage automatique cyclique (eau froide - eau chaude - eau froide) puis en les vaporisant pendant 12 minutes et enfin en les rinçant une nouvelle fois avec le même programme. Les barriques n'ont pas été méchées pour ne pas compromettre les FML spontanées qui peuvent mettre plus de temps à démarrer, mais la vaporisation a détruit les micro-organismes qu'elles contenaient, les plus redoutables étant les levures du genre *Brettanomyces*. Lorsque les FML se déroulent en barrique, des bondes en verre sont utilisées pour protéger les vins de l'oxydation tout en permettant au CO_2 de se dégager. Leur suivi a été effectué par le dosage de l'acidité volatile et le dosage de l'acide malique au laboratoire (Fig. 5, 6 et 7). Après le prélèvement des échantillons pour le laboratoire, l'ouillage des barriques est systématique pour éviter l'oxydation du vin.

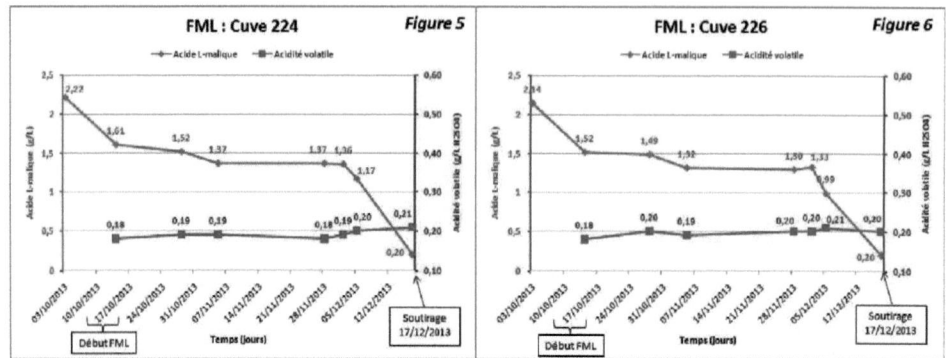

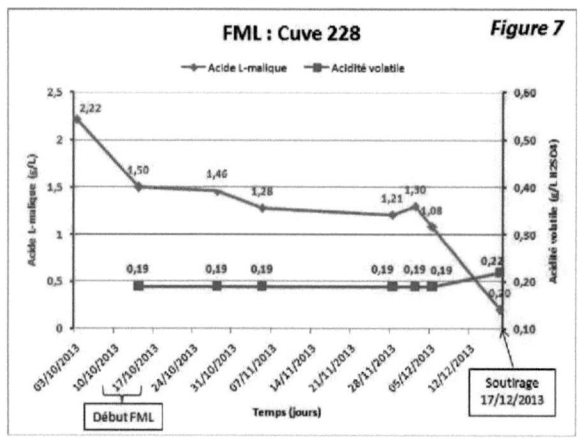

Tableau 5	224		226		228	
Dates	18/11/2013	04/12/2013	18/11/2013	04/12/2013	18/11/2013	04/12/2013
Population levures (Cellules/mL)	$2,5.10^4$	$<1,5.10^3$	$<1,5.10^3$	$<1,5.10^3$	$<1,5.10^3$	$3,1.10^4$
Population bactéries lactiques (Cellules/mL)	$<1,5.10^3$	$8,3.10^5$	$<1,5.10^3$	$4,2.10^6$	$1,5.10^3$	$1,7.10^6$
Population bactéries acétiques (Cellules/mL)	$3,4.10^4$	$<1,5.10^3$	$1,9.10^4$	$<1,5.10^3$	$3,1.10^4$	$<1,5.10^3$
Population Brettanomyces b. (UFC/mL)	Non détecté	Non détecté	Non détecté	Non détecté	Non détecté	Non détecté
Éthyl-phénols (µg/L)	-	11	-	10	-	10

Lors de FML spontanées, ce sont les bactéries qui étaient présentes sur les raisins qui ont colonisé le cuvier et qui, à la concentration de 10^6 cellules/mL dans le vin, permettent le déroulement de la FML. La bactérie *Œnoccocus œni*, par sa résistance est celle qu'on retrouve dans les vins après la FA. Au pH de 3,3 et au-dessus on constate que la FML est tout à fait réalisable, dans notre cas les barriques sont à pH=3,4 environ. Les bactéries lactiques de FML spontanées ont été sélectionnées naturellement par le milieu et sont donc les plus résistantes pour réaliser la fermentation. Malgré tout cela, les FML tardent à démarrer, on décide alors de dénombrer la population levurienne et bactérienne au moyen d'une épifluorescence. Les résultats du 18/11/2013, sont la preuve d'une population trop faible en bactéries lactiques et de populations levuriennes et bactériennes concurrentes non négligeables (voir *tableau 5*). Suite à ses résultats on décide d'ensemencer avec une souche de bactérie lactique pour éviter une FML trop languissante. Ces bactéries (CINE) sont sous forme de billes gelées conservées à environ -45°C que l'on peut directement faire fondre dans le vin. Toutes les barriques ont été ensemencées de la même manière et on a également ajouté un nutriment (BACTIV-AID) pour aider les bactéries à démarrer la FML. Après un certains temps, la FML n'étant pas terminée, un autre dénombrement des populations s'impose. Les résultats sont meilleurs (*tableau 5*), avec une plus forte population de bactéries lactiques au détriment des autres. Néanmoins, la FML est languissante et susceptible de favoriser le développement de levures du genre *Brettanomyces* et donc de leurs produits rejetés dans le milieu, l'éthyl-4-phénol et l'éthyl-4-gaïacol, compromettant la qualité du vin. La PCR quantitative permet leur dénombrement : le vin n'a pas été contaminé. En complément, l'analyse chimique des éthyl-phénols (éthyl-4-phénol + éthyl-4-gaïacol) montre des concentrations très basses, bien inférieures au seuil de perception qui est situé entre 400 et 450 $\mu g.L^{-1}$ dans les vins rouges.

I.   Soutirage et Elevage

Les barriques contenant le vin de 2012 doivent être soutirées pour pouvoir accueillir, une fois méchées à 10 grammes de soufre et rincées, le vin de l'année. A l'aide d'une pompe et de tuyaux, le vin qui a séjourné durant environ 12 mois en fût de chêne est transféré dans des cuves de grandes contenances. Plusieurs barriques sont donc mélangées dans une cuve afin d'obtenir un jus homogène, on peut à ce moment-là réaliser des assemblages. L'embout du tuyau qui trempe dans la barrique est spécial puisqu'il est fabriqué de manière à ne pas prélever les lies au fond de la barrique. Les lies sont récupérées et stockées en barriques usagées, une clarification des « vins de lie » permettra de récupérer un certain volume de vin potentiellement utilisable pour l'assemblage. On comprend ainsi que le soutirage permet également de clarifier le vin. Quand les barriques sont vides, on les rince grâce à une laveuse automatique et on les laisse s'égoutter et sécher jusqu'au lendemain où elles seront méchées. Le méchage consiste à introduire dans la barrique une pastille de soufre, ici de 10 grammes, que l'on a préalablement brûlé. La pastille est suspendue au bout d'une tige métallique, sur l'autre bout on trouve une bonde qui sert à étancher la barrique pendant la combustion de la pastille. Ensuite on bonde les barriques dans l'attente du prochain entonnage, mais si les barriques ont attendu plus de 3 mois alors on réitère le méchage. Le premier vin, château Beaumont, est élevé à 100% en barriques dont un tiers de neuves. Le second vin, appelé château d'Arvigny, est élevé en cuve inox.

J.   La filtration

Le vin de l'année passée qui a résidé en fût durant environ un an est maintenant soutiré. Ce vin est filtré grâce à un filtre à diatomée que nous fournit un service. Plusieurs plaques sont disposées en file et contiennent chacune de la terre à diatomée. Cette terre est formée par la sédimentation de petites algues unicellulaires qui fixent la silice sur leur membrane. La diatomite est une terre poreuse aux propriétés absorbantes d'où son utilisation dans la filtration des vins.

K.   Mise en bouteille

Après l'élevage en cuve ou en fût de chêne, la mise en bouteille peut être considérée comme la continuité de l'élevage du vin ; la durée avant ouverture de la bouteille est plus ou moins longue selon la qualité du vin et les préférences du consommateur.

L.   Conditionnement

Le château Beaumont dispose d'une chaîne d'embouteillage. Les bouteilles tirées-bouchées sont stockées dans des box empilés les uns sur les autres contenants chacun 600 bouteilles. Un opérateur met les bouteilles le tapis qui acheminent les bouteilles jusqu'à une laveuse. Les bouteilles sont ensuite séchées et prêtes à passer dans un second compartiment qui les encapsule et les étiquette. Une imprimante marque le numéro de lot sur la capsule puis deux opérateurs mettent les bouteilles finies en carton. Les cartons passent ensuite dans une machine qui les scotche et leurs imprime le numéro de lot puis les cartons sont empilés sur des palettes elles-mêmes emballées, stockées et prêtes à être livrées.

V. L'expérimentation

A. Recherche bibliographique

Les composés phénoliques (Fig. 8) jouent un très grand rôle dans la qualité des vins rouges puisque l'ensemble qu'ils constituent donne lieu aux propriétés colorantes du vin ainsi qu'à des propriétés gustatives telles que l'astringence et l'amertume. Ces composés sont aussi dotés de propriétés antioxydantes ; effectivement, bu modérément, le vin est bon pour la santé (Renaud, 1991). Les polyphénols sont divers, d'où l'intérêt d'étudier la relation qui l'existe entre leurs propriétés et leurs structures chimiques pour agir en fonction.

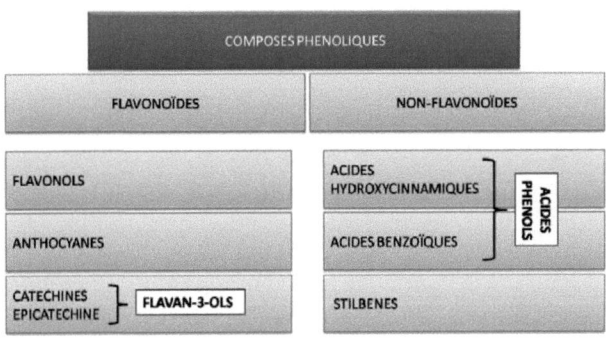

Figure 8

1. Les flavonoïdes

Dans ce mémoire on s'intéresse davantage aux composés flavonoïdes au sens large du terme c'est-à-dire les anthocyanes, les flavan-3-ols et les flavonols. Ci-dessous se trouve la structure de base des flavonoïdes : 2-phényl-benzopyrone (fig. 9). Les flavonoïdes se distinguent par le degré d'oxydation du noyau pyranique central.

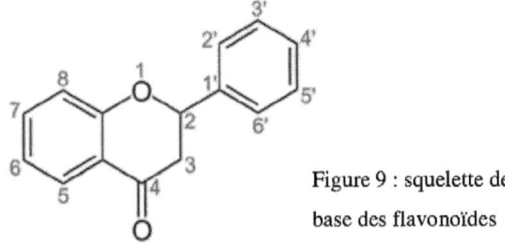

Figure 9 : squelette de
base des flavonoïdes

2. Les flavonols

Les flavonols sont des pigments de couleur jaune qui se différencient par la substitution du noyau latéral. Voici, ci-dessous, quatre flavonols majoritaires (Fig. 10) du raisin avec le radical $R'_4 = OH$.

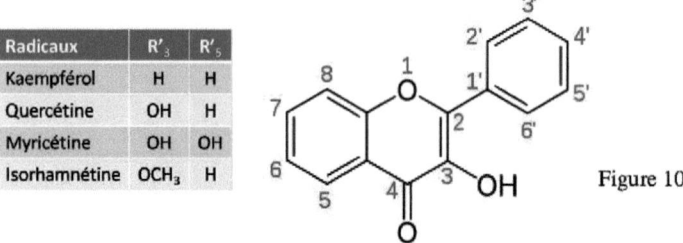

Radicaux	R'_3	R'_5
Kaempférol	H	H
Quercétine	OH	H
Myricétine	OH	OH
Isorhamnétine	OCH₃	H

Figure 10

3. Les anthocyanes

Les anthocyanes sont les pigments rouges des raisins, surtout localisés dans la pellicule. On distingue les anthocyanes, encore appelés anthocyanines ou anthocyanosides, qui sont des hétérosides (glycosylé) des anthocyanidines ou anthocyanidols qui sont des aglycones (non glycosylé). On présente quelques anthocyanidines (Fig. 11) du raisin et du vin avec $R'_4 = R_3 = R_5 = R_7 = OH$ et $R_6 = H$. Chez *Vitis vinifera*, il existe des formes glycosylées (avec un glucose), essentiellement des 3-monoglucosides d'anthocyanidines avec notamment la malvidine 3-O- glucoside. On trouve aussi des dérivés acylés de cette dernière. Les formes hétérosidiques sont beaucoup plus stables que les formes aglycones.

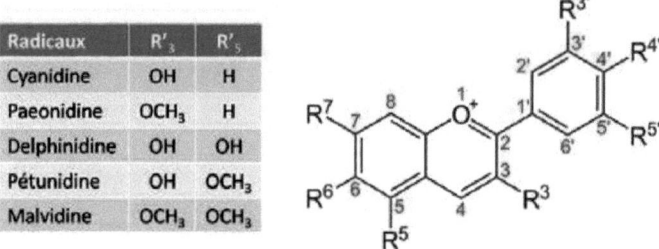

Radicaux	R'_3	R'_5
Cyanidine	OH	H
Paeonidine	OCH₃	H
Delphinidine	OH	OH
Pétunidine	OH	OCH₃
Malvidine	OCH₃	OCH₃

Figure 11 : anthocyanidine sous sa forme cationique (cation flavylium)

La couleur de ces molécules est fonction de leur structure moléculaire ainsi la cyanidine est rouge, la delphinidine est rose, la paeonidine est bleu-violet, la pétunidine est violette et la malvidine est rouge-violet. Certaines de ses substitutions orientent plutôt la couleur vers le mauve (effet bathochrome), alors que la glucosylation et l'acylation colorent vers l'orange. Le pH influe aussi sur la couleur (Fig. 12) des vins en déplaçant l'équilibre des cations flavylium, de couleur rouge, vers d'autres formes, de couleurs différentes.

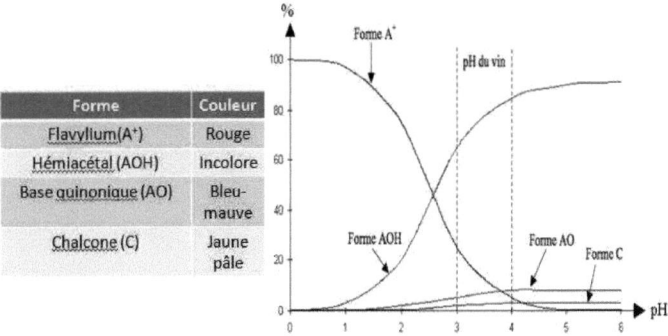

Forme	Couleur
Flavylium(A⁺)	Rouge
Hémiacétal (AOH)	Incolore
Base quinonique (AO)	Bleu-mauve
Chalcone (C)	Jaune pâle

Figure 12 : Proportion des formes d'anthocyanes en fonction du pH

4. Tanins hydrolysables

On distingue deux types de tanins hydrolysables : les gallotanins et les ellagitanins. Leurs hydrolyses acides libèrent respectivement de l'acide gallique et de l'acide ellagique. L'acide gallique a pour origine le raisin et est donc toujours présent dans les vins. Les gallotanins sont formés par estérification des groupements hydroxyles d'un sucre (généralement le glucose) avec l'acide gallique. Les ellagitanins (Fig. 13a et 13b) présents dans le vin proviennent du contact du vin avec le bois de chêne ou par l'apport de tanins œnologiques.

Radicaux	R_1	R_2
Vescalagine (13a)	H	OH
Castalagine (13a)	OH	H
Vescaline (13b)	H	OH
Castaline (13b)	OH	H

Figure 13a   Figure 13b

5. Tanins condensés ou proanthocyanidines

Ces polymères du raisin sont constitués d'unités monomériques appelées flavan-3-ols. Il existe deux types de tanins condensés : les procyanidines et les prodelphinidines. Les procyanidines libèrent des cyanidines par chauffage acide (réaction de Bate-Smith) et sont constitués de (+)-catéchines (Fig. 14a) et de (-)-épicatéchines (Fig. 14b). Les prodelphinidines libèrent, par chauffage acide, des delphinidines et sont constitués de (+)-gallocatéchines et de (-)-épigallocatéchines.

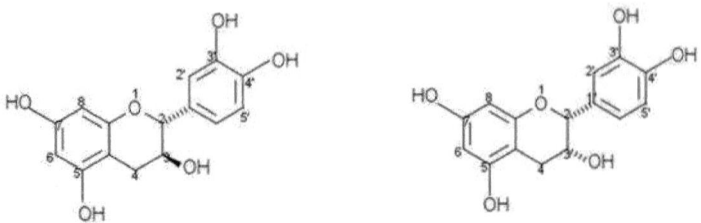

Figure 14a : Si OH en C5' → (+)-gallocatéchine   Figure 14b : Si OH en C5' → (-)-épigallocatéchine

6.   La PolyVinylPolyPyrrolidone (PVPP)

La PVPP est utilisée pour éliminer les polyphénols responsables de l'amertume, de l'astringence, du brunissement, et pour limiter l'évolution oxydative du moût et des vins (Morge, 2011). Elle est insoluble dans l'eau et les solvants organiques (éthanol). Sa forte réactivité avec les polyphénols donne lieu à des complexes PVPP/polyphénols formés *via* liaisons hydrogènes et liaisons hydrophobes. La PVPP se combine préférentiellement avec les procyanidines puis les catéchines, et enfin les esters d'acides cinnamiques. Elle intervient dans les luttes préventives de l'oxydation mais aussi en curatif pour des oxydations légères.

7.   Réactions des anthocyanes, des tanins et impact sur la couleur

Même si les anthocyanes sont moins réactives à l'oxydation par la phénol-oxydase que certains acides phénols (acide coutarique et acide caftarique), il est tout à fait possible que les anthocyanes soient directement oxydées au niveau de leurs fonctions phénols. De plus, des quinones d'acides phénols déjà formées peuvent s'additionner aux anthocyanes formant alors des composés très instables entraînant une perte de couleur. Des corps cétoniques, notamment l'acide 2-oxogluconique et l'acide 5-oxogluconique présents sur des vendanges pourries, réagissent avec des anthocyanes faisant évoluer la couleur vers l'orange. La copigmentation des anthocyanes avec divers composés (cations métalliques, acides phénols, flavonols) n'est pas stable en présence d'alcool mais peut l'être avec une quantité importante de tanins générant, sur les anthocyanes, un effet hyperchrome (augmentation de l'intensité de la couleur) et un léger effet bathochrome (Mirabel *et al.*, 1999). Les mécanismes de cylcoaddition des anthocyanes participent à la stabilité de la couleur des vins vieux mais ces pigments sont très minoritaires.

Les tanins condensés sont également sensibles à l'oxydation ; ils sont capables de neutraliser les radicaux libres, produits oxygénés instables, pour former des polymères bruns insolubles induisant la perte de couleur et l'amaigrissement du vin. De plus, les laccases sont les seules enzymes fongiques à pouvoir dégrader les tanins sans être inactivés par eux. Des réactions de polymérisation avec des aldéhydes (furfural, …) issus du raisin botrytisé peuvent former des pyranoanthocyanes jaune-orange car ces aldéhydes possèdent une structure xanthylium de couleur jaune.

L'évolution d'un vin rouge se traduit souvent par la perte d'anthocyanes mais aussi l'augmentation de sa couleur rouge. Ce phénomène s'explique par les réactions de condensation entre les anthocyanes et les tanins. On trouve deux types de condensations directes. Les condensations Anthocyanes-Tanins ($A^+ \rightarrow T^-$) se produisent lors de la FA. Plus précisément, une anthocyanine sous sa forme cation flavylium (A^+) s'associe avec des procyanidines de nature électronégative (δ^-) par attraction de leurs charges opposées formant alors un flavène incolore. L'oxydation de ce dernier, par aération (écoulage ou soutirage), donne des produits colorés rouges, ces formes peuvent devenir mauves par déprotonation. Ces produits évoluent vers des couleurs orange par formation de structure xanthylium. La condensation Tanins-Anthocyanes ($T^+ \rightarrow A^-$) est le second type de condensation, se déroulant pendant la macération post-fermentaire. Un carbocation constitutif d'une procyanidine réagit avec les sites nucléophiles d'une anthocyanine sous sa forme base carbinol (neutre). Le produit de condensation se déshydrate pour donner un composé rouge-orange, ce phénomène intervient sans oxygène. Il existe aussi la condensation indirecte de flavanols avec des bases carbinols se formant par l'intermédiaire d'un pont éthyle. Ce phénomène se manifeste lors de l'élevage en barrique, traduisant une oxydation ménagée (trou de bonde, ellagitanins), quand l'éthanol peut être oxydé en éthanal. Ces complexations avec un pont éthyle sont de couleurs mauves. D'autres molécules permettent ces combinaisons en jouant ce rôle de liant comme l'acide glyoxylique, le furfural et l'hydroxyméthyl-furfural ; mais ici, apparaissent des structures xanthylium auxquelles on attribue la couleur jaune. D'autre part, la stabilisation de la couleur est meilleure quand on a à peu près quatre fois plus de tanins que d'anthocyanes.

8. Les propriétés organoleptiques des composés phénoliques

D'après Glories et Augustin (1994), les structures les moins polymérisées c'est-à-dire les catéchines et les procyanidines dimères et trimères confèrent un aspect acide en bouche. Les procyanidines oligomères et polymères sont plus ou moins amers et astringentes en fonction de leur degré de polymérisation. Lorsque ce dernier augmente, l'astringence diminue. Une polymérisation hétérogène (tanins polymérisés *via* un pont éthyle), issue d'une oxygénation modérée, tend à réduire la réactivité des tanins avec les protéines salivaires diminuant ainsi l'indice de gélatine. Effectivement, l'association par le pont éthyle favorise le développement d'un assouplissement gustatif. La complexation des procyanidines avec des polysaccharides neutres procure du volume en bouche avec une sensation de gras. Les complexes anthocyanes-tanins sont peu astringents mais amènent de l'amertume, surtout dans les jeunes vins. Les tanins fondus sont caractéristiques des tanins de la pellicule, ils peuvent toutefois être amers. Les tanins de pépins ou de la rafle n'ont pas la possibilité de se combiner lors de la maturation du raisin. En conséquence, leur astringence est beaucoup plus marquée mais leur apport raisonnable est nécessaire. L'astringence d'un vin riche en tanins est plus appréciée qu'un vin pauvre en tanin. Pour cette raison il est intéressant de calculer le rapport indice de gélatine sur la concentration tannique ; des valeurs au-dessus de 20 peuvent indiquer une astringence excessive.

B. Analyse bibliographique

La structure tannique et la couleur des vins sont influencées par plusieurs facteurs tels que la date des vendanges (maturité phénolique des raisins), les techniques de vinification et l'élevage du vin. Sur des vendanges botrytisées on ne peut agir amplement sur la maturité phénolique en raison des dégâts occasionnés par le parasite, la date des vendanges peut donc se produire alors que les fruits sont dans un état de sous-maturité. Il est tout aussi difficile d'agir sur les techniques de vinification car une sur-extraction ou une macération pré-fermentaire pourrait nuire. En revanche, on peut optimiser les effets d'un élevage où les combinaisons polyphénoliques stabilisatrices se produisent. Le tanisage, effectué à l'encuvage, favorise donc des liaisons entre polyphénols dès la macération fermentaire (combinaisons de type $A^+ \rightarrow T^-$), permet de conserver un stock polyphénolique lors de l'élevage et réduit la perte de couleur par l'oxydation des polyphénols. Paradoxalement, une dissolution lente de l'oxygène favorise des combinaisons plus stables entre les polyphénols (intervention de l'éthanal). Ces transformations influencent la stabilité colloïdale, de la couleur, l'amertume et l'astringence du vin.

D'après Kahn et al., 2010, on retrouve, notamment pendant l'élevage du vin rouge, des stabilisations qui dépendent de la structure chimique des tanins œnologiques ajoutés. Les proanthocyanidines formées d'unités épicatéchines ou catéchines seront favorables à une stabilisation de la couleur, les tanins galliques se complexeront préférentiellement avec des protéines. D'après le fascicule commercial « Laffort vendanges 2013 », TANIN VR SUPRA, composés de tanins poanthocyaniques et ellagiques, est celui qui a le plus de réactivité vis-à-vis des protéines et notamment les laccases. Ces mêmes auteurs confirment une stabilisation de la couleur par les tanins catéchiques et annoncent les tanins GALALCOOL, extrait de tanins galliques très purs, comme étant capables d'une bonne précipitation des protéines instables. En ce qui concerne la protection chimique contre l'oxydation par les phénomènes d'oxydoréductions, TANIN VR SUPRA serait le plus efficace. Malheureusement, les proportions de tanins proanthocyaniques et de tanins ellagiques ne sont pas connues. D'après la Tonnellerie Demptos, Université Bordeaux 1, les tanins galliques ont un effet de réduction par leur pouvoir chélatant des cations métalliques (catalyseurs des phénomènes oxydatifs) du vin. Ils devraient donc être utilisés pour des vins ayant déjà subi des phénomènes d'oxydation car ils diminuent le potentiel d'oxydoréduction. Les tanins ellagiques sont facilement oxydables car ils capturent et neutralisent les radicaux libres produits par les phénomènes oxydatifs. Il serait logique de les utiliser sur des vins oxydés ou en prévention de l'oxydation des vins sensibles. Les tanins proanthocyanidiques, notamment dans leur formes oligomères, se polymérisent avec ceux du vin pour former des produits difficilement oxydables donc ces tanins rendent le milieu moins sensible à l'oxydation. Ils optimiseraient l'évolution oxydative du vin au cours de l'élevage et le stabiliseraient dans le temps. Ces tanisages sont effectués dans le but de préserver les arômes et la couleur.

Une autre alternative, d'après le groupe Laffort, est l'utilisation du POLYMUST V. Ce produit est décrit comme étant l'association d'une protéine végétale, spécifiquement sélectionnée pour sa forte réactivité vis-à-vis des composés phénoliques, et de PVPP pour la prévention de l'oxydation par l'élimination sur moûts des composés phénoliques susceptibles de piéger les arômes et d'altérer la couleur des vins.

D'après ces informations on peut conclure que TANIN VR SUPRA, utilisés dans toutes les modalités, peut prévenir des phénomènes oxydatifs et atténuer les effets d'oxydations antérieures grâce à ses tanins ellagiques mais peut également stabiliser le vin dans le temps grâce aux tanins proanthocyanidiques. TANIN GALALCOOL n'est constitué que de tanins galliques ; on ne l'utilise que sur des vins déjà oxydés en raison de ses propriétés réductrices qui stabilisent le potentiel d'oxydoréduction. La modalité « TANIN GALACOOL » peut donc se démarquer des autres si le moût a été oxydé lors du chargement de la benne à vendange. La modalité « POLYMUST V » semble être très réactive avec les polyphénols mais le collage peut altérer la structure tannique du vin.

C. *Botrytis cinerea*

La moisissure grise des raisins est à l'origine du champignon ascomycète et polyphage (peut contaminer plus de 200 hôtes) *Botrytis cinerea*, véritable fléau en viticulture. On nomme *Botrytis cinerea* sa forme asexuée ou conidienne, sa forme sexuée est nommée *Botryotinia fuckeliana* et est beaucoup plus rare. La pourriture grise (*Botrytis cinerea*) est une maladie cryptogamique majeure de la vigne et souvent d'énormes pertes de rendement sont constatées, surtout dans les climats tempérés à tempérés-froids (germination des conidies : entre 10°C et

25°C à 90%-100% d'humidité relative) qui sont propices au développement du champignon. En France, les régions les plus humides sont les plus touchées comme la Bourgogne, le Beaujolais et le Val de Loire. On distingue deux groupes : le groupe 1 ou sous-population pseudo-cinerea et le groupe 2 ou sous-populations vacuma et transposa. La sous-population transposa est celle qui est la plus pathogène sur baies de raisin. De plus, les grappes atteintes par *Botrytis cinerea* favorisent l'apparition d'autres altérations fongiques, la pourriture simple devient alors pourriture complexe qui aggrave bien plus la qualité de la vendange et celle des vins qui en sont issus.

A l'automne, *Botrytis cinerea* peut former des sclérotes (formes de conservation du champignon) pour se maintenir dans un état de latence dans l'attente d'un nouveau climat favorable. Les sclérotes et le mycélium sous épidermique, se développant idéalement à 18°C, sont présents sur des rameaux et d'autres débris végétaux ce qui permet la survie du parasite pendant la période hivernale. A la fin de l'hiver et au début du printemps les températures qui remontent (15°C-20°C) et les ondées qui surviennent favorisent la croissance de l'inoculum primaire c'est-à-dire les conidiophores de *Botrytis cinerea* portant les conidies. Du début de la floraison à la fermeture de la grappe, certains organes peuvent être infectés : c'est l'installation précoce du champignon. L'installation précoce peut être parasitaire (feuilles, jeunes pousses, inflorescences et bourgeons présentent des nécroses) ou saprophytique (capuchons floraux morts restants coincés dans les grappes, reste du stigmate ou des sépales, cicatrice pédonculaire). L'installation précoce conduit à l'inoculum secondaire sinon elle peut être interne et asymptomatique (*Botrytis cinerea* est quiescent dans la jeune baie verte). Pourtant, le champignon préfère les baies de raisins à maturité plutôt que n'importe quels autres organes de la vigne. La baie acquière sa réceptivité au parasite à la mi-véraison sur le cépage Merlot contre la fin de la véraison sur le cépage Cabernet-Sauvignon. A la post-véraison quand la baie arrive à maturité, on remarque le développement explosif de la moisissure. Plus précisément, on observe un duvet gris correspondant à la moisissure de *Botrytis cinerea* c'est-à-dire le mycélium ainsi que les conidiophores portant les conidies. En périodes plus sèches, un coup de vent suffit à propager ces conidies dans l'air. Quand le climat alterne entre humide et sec on peut constater un développement accrue du champignon sur les grappes et une propagation, par sporée, importante dans l'ensemble du vignoble. Dans de telles situations, des foyers de champignon sur les grappes peuvent s'observer fréquemment.

Le viticulteur peut être amené à repérer des symptômes sur ces vignes car dans certaines conditions climatiques de fraîcheur et d'humidité, des tâches nécrotiques sur le bord du limbe avec des motifs concentriques sont caractéristiques, ou encore des attaques sur la rafle et sur le pédoncule qui provoquent le flétrissement des baies. Les rameaux peuvent être touchés (mycélium visible) et d'avantage s'ils sont souples, verts, blessés ou en contact avec le tissu infecté. Ces rameaux prennent alors un aspect cassant. Le champignon peut pénétrer dans la baie par de petites lésions à la surface de celle-ci, parfois provoqué par des piqûres d'insectes (perforations) ou encore des blessures. La baie devient entièrement touchée puis des tâches se remarquent sur les grappes. Les tâches sont rouges pour les cépages blancs et brunes-rougeâtres pour les cépages noirs. Lorsqu'il pleut, il arrive que certaines baies éclatent ce qui permet au champignon de mieux se développer et d'agrandir la surface de contamination par le jus qui a coulé sur les autres baies, de plus l'eau permet le transport des spores et est indispensable à leur germination. Tous ces symptômes sont le résultat du cycle infectieux du champignon. D'abord les spores polluent les baies de raisin en s'y déposant, puis, en germant, le mycélium croissant des spores pénètre à travers des lésions pour atteindre le milieu interne de la baie. A l'intérieur, le mycélium se développe grâce aux substrats présents dans la baie puis, arrivé à un certain niveau de croissance (lorsque la baie est à maturité), le parasite sporule en formant de multiples conidies, facilement disséminées, sur la face externe de la baie qui à leur tour iront polluer d'autres baies. Au fur et à mesure de la maturité, la pellicule se fragilise et de multiples microperforations apparaissent conduisant à une intrusion facilitée de *Botrytis cinerea* et un développement favorisé par les exsudats de raisin libérés à la surface du fruit.

Comme nous l'avons vu, des facteurs abiotiques comme un climat humide et doux sont aggravants. Le microclimat influe aussi beaucoup sur le développement de la pourriture grise, il peut être défini comme le confinement, par les organes de la vigne, de petits volumes d'air aux propriétés particulières. La température des baies est un paramètre très important qui conditionne le développement fongique. Il est possible de modérer une infection par *Botrytis cinerea* par des systèmes de conduite du vignoble. Les opérations en vert agissent dans le sens de la lutte contre *Botrytis cinerea*. L'effeuillage permet de réduire l'entassement du matériel végétal et donc d'éviter la multiplication des contacts avec les zones infectées et ainsi la propagation du parasite. En effet, le couvert végétal favorise l'humectation des grappes. L'effeuillage peut agir seul dans la lutte ou peut se combiner avec un traitement chimique en vue de l'améliorer ; l'effeuillage précoce, à la nouaison, est d'autant plus efficace.

L'épamprage favorise l'aération des raisin, le rognage réduit l'épaisseur latérale du feuillage favorisant ainsi l'aération et l'éclairement des raisins, l'ébourgeonnage réduit le rendement et l'abondance du feuillage autour des grappes, l'éclaircissage favorise une récolte plus précoce et réduit l'entassement des grappes. Des facteurs biotiques peuvent être à l'origine des blessures sur les baies, notamment les chenilles d'eudémis. La mise en place d'un dispositif de confusion sexuelle contre l'eudémis (nom binomial *Lobesia botrana*) assure la prévention d'une plus grave propagation de la pourriture grise. En effet, les chenilles d'eudémis portent sur elles des spores et les inoculent dans la baie au moment de leurs entrées, par perforation, dans celle-ci. Il faut savoir également que la fertilisation azotée, qui peut être un choix technique lors de carences, favorise la pourriture grise ; il est donc possible d'enherber pour réguler l'alimentation azotée de la vigne et limiter efficacement un développement épidémique. Les choix antérieurs des pratiques culturales ont leur importance dans la lutte préventive comme la sensibilité du clone. Chaque clone présente des grappes aux caractéristiques particulières. L'épaisseur des cuticules est plus faible chez les cépages sensibles (cépages européens) et inversement (cépages américains). Certaines grappes sont compactes et favorisent le contact des baies entre elles et donc la contamination, de plus, la cuticule est plus fine aux points de contact et contribue à une meilleure pénétration du mycélium. On constate le même phénomène avec l'épaisseur des pellicules ; la taille et la forme des baies et des grappes ainsi que la vigueur du porte-greffe. La plante à des moyens de défenses chimiques contre *Botrytis cinerea* : des tannins (fongistatique faible), des inhibiteurs de l'endoploygalacturonase, des phytoalexines et la production de dérivés stilbéniques qui diminue fortement après la véraison.

L'association de la pourriture grise avec d'autres pourritures (*Aspergillus spp.*, *Penicillium spp.*, *Cladosporium sp.*, *Trichothecium roseum*), donnent des formes de pourritures complexes. Ces pourritures peuvent s'additionner sur ou au cœur de la grappe, elles sont soit étendues soit difficilement perceptibles et de couleurs variées plus ou moins vives. Par exemple, *Botrytis cinerea* couplé à *Trichothecium roseum* donne des grappes d'aspect particulier avec la présence d'une moisissure rosâtre souvent externe mais qui peut être moins facilement visible, au cœur de la grappe. Ces moisissures diverses se développent préférentiellement lorsque que la baie est mature, comme pour *Botrytis cinerea*, mais pour des temps frais et pluvieux. Des complications se manifestent lorsque des bactéries acétiques et des levures oxydatives profitent de l'altération fongique pour se développer. Nous sommes toujours dans le cas de pourritures complexes lorsque la pourriture vulgaire (aigre ou acide) se manifeste. Cette pourriture peut rendre inapte un vin à la consommation, l'acide acétique peut se trouver à des concentrations très importantes.

Les conséquences de la pourriture grise sont nombreuses sur le plan qualitatif des raisins et du vin avec notamment d'importantes incidences organoleptiques. Ce champignon est directement responsable de la dégradation d'éléments qualitatifs, de la présence de substance influençant la vinification, de carences azotées et donc de difficultés de fermentation, de la perte de qualité organoleptique des vins et de la réduction de leur potentiel de vieillissement. De manières indirectes, il influence le choix d'une date précoce des vendanges qui nécessite, dans le domaine du possible, un tri préalable plus ou moins conséquent. Le parasite est capable de métaboliser et donc de transformer les sucres simples tels que le glucose et le fructose, par oxydation, en glycérol et acide gluconique. La concentration en glycérol augmente beaucoup dans la baie puis à l'extérieur et diminue ensuite lorsque le champignon le catabolise. La concentration en acide gluconique augmente moins vite que le glycérol dans la baie car il est utilisé par *Botrytis cinerea* mais finit par s'accumuler à l'extérieur de la baie quand celui-ci ne peut plus l'utiliser. Ces deux produits sont des marqueurs de la pourriture grise mais n'ont pas de conséquences néfastes sur la qualité, cependant l'effet de concentration des baies par déshydratation ne compense quasiment pas la dégradation des sucres par le champignon contrairement au phénomène de pourriture noble. Il produit également, en se développant, le β-glucane, un polysaccharide qui entoure les filaments mycéliens. Ce composé entrave la clarification (filtration, collage). Le nombre de protéases est plus élevé dans les moûts botrytisés et on observe logiquement une plus grande dégradation des protéines. Des enzymes, nommées les laccases, sont également produites et sont impliquées dans le processus d'infection des baies. Ces enzymes sont des polyphénoloxydases, molécules très solubles, stables au pH du moût, résistantes au SO_2 et donc difficiles à éliminer dans les vins et les moûts. Elles sont capables d'oxyder les composés phénoliques (acides cinnamiques et benzoïques, tannins, anthocyanes et le *Grape Reaction Product* (GRP)) naturellement présents dans les baies de raisins en les transformant en quinones, surtout après le foulage des raisins quand le moût est en contact avec l'air. Ces quinones sont à l'origine de la perte de couleur (casse oxydasique) des vins rouges ainsi que de leur brunissement ; elles peuvent aussi, en se combinant aux précurseurs d'arômes, participer à la diminution ou perte d'arômes variétaux. Le profil aromatique d'un vin peut donc être modifié par des oxydations prématurés et par l'apparition d'odeurs nauséabondes de type moisi-terreux. Certains de ces mauvais arômes se dégradent pendant la fermentation alcoolique (octène-3-one à odeur de champignon et 2-méthylisobornéol à odeur de moisi) mais d'autres persistent fortement (géosmine). La géosmine a une odeur caractéristique de terre humide, de betterave qui s'avère être forte à de faibles concentrations (>60-80 ng/L). La géosmine n'est produite que dans le cas d'une pourriture complexe, c'est-à-dire sur des grappes botrytisées surinfectées par *Penicilium expansum*. La plupart des souches de *Botrytis cinerea* produisent un polysaccharide inhibiteur de la synthèse de géosmine, elles sont nommées souches « bot - ». Les souches « bot + » minoritaires sont favorables à la production de géosmine par *Penicilium expansum*. En outre, les surinfections confèrent généralement aux vins une amertume prononcée. Pour conclure, les flaveurs et les saveurs sont diminuées et/ou modifiées et le temps de conservation en bouteille est réduit.

Les nuisibilités quantitatives sont importantes en raison de la perte de raisin et du tri effectué, on considère qu'avec 140 Kg de vendange on produit 1 hL de vin, il faut augmenter de 8 Kg de vendange pour un même volume de vin tous les 10% de pourriture supplémentaire. Avant et pendant la floraison, le pathogène peut détruire des inflorescences puis plus tardivement on observe un flétrissement et une chute des grappes. Le rendement baisse aussi dans la mesure où les baies perdent de leur jus.

Botrytis cinerea est responsable de difficultés dans l'élaboration des vins d'où l'intérêt d'apprécier l'état sanitaire de la vendange. La détermination visuelle du taux de pourriture donne une bonne estimation de la qualité de la vendange mais n'est pas toujours en étroite relation avec l'oxydation potentielle du moût par les laccases. A cet effet, un « test laccase » (Botrytest) facilement réalisable au chai, permet de déterminer le risque oxydatif. Pour cela, on doit percoler le moût non sulfité (s'il est sulfité il faut ajouter du peroxyde d'hydrogène au moût) à travers une colonne de polyvinylpolypyrolidone (PVPP) pour le priver de ses composés phénoliques. Ensuite on y ajoute un réactif spécifique de la laccase, la syringaldazine. Cet orthodiphénol est incolore mais lors de son oxydation par la laccase, il se transforme en quinone rose-mauve. Après un certain temps, il faut comparer l'intensité de la couleur de notre préparation à un abaque coloré fourni dans le kit. Le résultat s'exprime en unité laccase c'est-à-dire en quantité d'enzyme capable d'oxyder une nanomole de syringaldazine par minute.

Il est ensuite important de connaître les difficultés susceptibles de se produire pour pouvoir agir en conséquence. On sait que *Botrytis cinerea* produit une substance antibiotique et fongistatique : la botryticine, qui peut donc être à l'origine de difficultés fermentaires et de déviations organoleptiques par augmentation de la production levurienne d'acide acétique et de glycérol. Cette substance est un hétéropolysaccharide mais qui empêche beaucoup moins la clarification que le β-glucane. Ce dernier, un homopolysaccharide, est une source de sucre exocellulaire pour le champignon à condition qu'il puisse produire les enzymes correspondantes, les β-1,3-glucanases, en vue de l'assimilation des constituants de ce polymère, les molécules de D-glucose. La voie de synthèse de ces enzymes est réprimée par le glucose ; cette répression catabolique est efficiente dans les moûts de raisin qui ont alors une concentration en β-glucane élevée. Il est prudent d'agir en amont en évitant de triturer la vendange. Le β-glucane se trouvant dans les pellicules, un foulage excessif et des pompages répétés peuvent, en effet, sur-extraire le β-glucane dans les moûts pourris. Si ces manipulations sont insuffisantes, des enzymes industrielles (Glucanex) peuvent être ajoutées en fin de fermentation alcoolique pour limiter le colmatage des membranes de filtration et ainsi aider la clarification. Pour lutter contre l'oxydation accélérée par les enzymes telles que les tyrosinases et les laccases, il est maintenant possible d'ajouter des tannins, facilement solubles, au moment du foulage, sur la vendange botrytisée. Ces tannins ont une action anti-oxydante car comme tous les tannins ils ont un fort pouvoir réducteur ne laissant pas les tannins indigènes s'oxyder. Ainsi, les laccases altèrent moins la structure tannique des vins. De plus, ils sont très réactifs avec les protéines du moût et vont, par la suite, précipités. Cette précipitation entraîne les laccases ce qui provoque également l'inhibition de leur activité oxydasique. Les tannins ajoutés permettent donc de garder une réserve en tannins et anthocyanes indigènes suffisante pour favoriser la copigmentation et donc une stabilisation de la matière colorante. L'association de PVPP et de protéines végétales empêche le piège des arômes et les déviations de la couleur en éliminant les composés phénoliques oxydables. Pour les vendanges altérées, ces différents ajouts n'excluent pas le fait qu'il faut abondamment sulfiter à l'encuvage (7 g/hL de SO$_2$ total) et, au préalable, protéger au maximum le moût de l'oxygène.

D. Mise en place de l'expérimentation

1. Introduction

Le château Beaumont a d'abord proposé un sujet d'expérimentation portant sur l'impact organoleptique des macérations pré-fermentaires à froid avec inoculation de différentes souches de levures non-saccharomyces. Le climat du millésime 2013 ne fut pas favorable à l'obtention d'une vendange saine et donc à une maturité optimale. Effectivement, plus on retardait la récolte et plus des foyers de *Botrytis cinerea* dans leur phase explosive se manifestaient. Des inquiétudes à propos de ce sujet commençaient à émerger, premièrement par l'estimation visuelle du taux de pourriture, mais surtout grâce aux dosages des laccases, enzymes néfastes du champignon, qui ont été plus que probants (résultats Fig. 4 p. 28). Sachant qu'à partir de 5 activités laccase (AL) on atteint le seuil maximal nous permettant d'effectuer les macérations pré-fermentaires à froid, on ne pouvait se permettre d'y songer étant donné que les moûts étaient entre 13 AL et 15 AL. Rappelons que les macérations pré-fermentaires à froid exigent une qualité optimale de la vendange autant sur le plan sanitaire qu'au niveau de la maturité. En effet, le moindre défaut peut être exacerbé, des caractères herbacés et/ou moisis peuvent complètement masquer les qualités olfactives du vin. On comprend alors que les dégustations pour évaluer l'impact aromatique aurait été très compliquées. Pour cette raison nous avons rebondi sur le choix de l'objectif initial et décidé de mettre en place une nouvelle étude portant sur l'amélioration de la qualité organoleptique du vin issu de vendanges pourries. Cette dernière est alors en adéquation avec ce millésime difficile et tente de pallier les problèmes qu'il peut poser autrement que par une thermovinification souvent à l'origine de matière colorante colloïdale instable.

2. Les différentes modalités

Nous avons trois modalités différentes présentes dans trois cuves de même volume de 113 hL chacune. Il n'y avait pas le matériel nécessaire pour manipuler dans des volumes plus petits. De même, la réalisation des FA en barrique n'a pas été possible car elle suggère de disposer d'un outillage spécifique et plus d'opérateurs. Les trois cuves ont été remplies par un volume de vendange égal d'environ 65 hL. **La première cuve, numéro 224, est la cuve témoin** c'est-à-dire qu'elle n'a pas de traitement spécifique excepté l'ajout de tanin VR supra (15 g.hL^{-1}) proposé par le fournisseur Laffort et 10 kg de copeaux frais. L'emploi de copeaux, en cours de fermentation, n'apporte pas de gain notable sur la couleur ou la concentration en polyphénols totaux (Schmidt, 2007). **La deuxième est la cuve 226,** elle a subi le même traitement que le témoin plus l'ajout de TANIN GALALCOOL de chez Laffort à raison de 10 g.hL^{-1}. **Enfin, la dernière modalité, dans la cuve 228**, a été traitée comme le témoin plus l'ajout de POLYMUST V à raison de 45 g.hL^{-1} (soit environ 3 kg) issu du même fournisseur, Laffort. Le SO$_2$ sous forme liquide a été ajouté de telle sorte qu'on arrive à 7 g.hL^{-1} dans chacune des modalités.

Le SO$_2$ et le tanin VR supra est commun pour les trois modalités, le but étant d'analyser l'effet du GALALCOOL et du POLYMUST V sur la quantité d'anthocyanes et de tanins au cours du temps et la stabilisation de la couleur. On recherche également l'impact d'un point de vue aromatique. Plusieurs tests triangulaires sensoriels ont été effectués pour valider l'impact des traitements. Des tests olfactifs ont permis de nous renseigner sur la perception de certains défauts au nez ou en rétro-olfaction. D'autres tests, mais gustatifs, nous ont guidé sur le choix du traitement le plus favorable à la richesse tannique et à la souplesse des tanins.

3. Techniques d'analyse

Les analyses de bases ont été effectuées au laboratoire œnologique Boissenot à Lamarque (33460). J'ai également pu manipuler dans ce laboratoire pour faire des dosages de tanins et des anthocyanes, déterminer les teintes des vins et réaliser l'indice de gélatine. Les tests « laccase » ont été faits au château Beaumont par mes propres soins. Des analyses d'épifluorescence et colorimétriques ont été réalisées par le laboratoire Sarco situé à Floirac (33270). La prise des échantillons n'est pas simple étant donné que les trois modalités sont réparties chacune en cinq barriques. Pour réaliser un échantillon on mélange à quantité égale quatre prélèvements issus chacun de quatre barriques différentes sur, évidemment, une seule des trois modalités. Les cinquièmes barriques servent à ouiller les autres, elles sont elles-mêmes ouillées par une petite cuve que l'on nomme le garde-vin. L'avantage de ce dernier est qu'il est muni d'un couvercle flottant toujours en contact avec le vin ; la membrane autour du couvercle peut-être gonflée ou dégonflée.

a) Evaluation du contenu phénolique

L'Indice Polyphénolique Total (IPT) est un bon moyen pour estimer le contenu phénolique du vin. Ce n'est qu'une estimation car tous les composés phénoliques ne réagissent pas exactement de manière identique vis-à-vis de l'absorbance de la longueur d'onde auxquels on les soumet. L'IPT mesure l'absorbance à une longueur d'onde de 280 nanomètres (nm) d'une simple solution de vin diluée au 1/100.

b) Le dosage des anthocyanes

Le dosage des anthocyanes a été effectué par décoloration au SO_2. On travaille en milieu acide pour une bonne lecture de l'absorbance à 520 nm, le témoin ne reçoit pas de SO_2. La préparation ayant reçu la solution d'hydrogénosulfite se décolore et son absorbance faible est dû à tous les autres composés qui absorbent à 520 nm mais qui ne sont majoritairement pas des anthocyanes. On dose ainsi, seulement les composés qui absorbent à 520 nm et qui ont été décolorés par le SO_2. Parmi eux on retrouve les anthocyanes libres (Al) et une partie des anthocyanes combinés c'est-à-dire les complexes Tanin-Anthocyane (TA).

c) Le dosage des tanins

Le laboratoire dans lequel j'ai travaillé ne dispose pas de l'outillage nécessaire à la réalisation des dosages tanniques. L'estimation de la concentration tannique [T] a été faite à l'aide d'une formule contenant la valeur de l'IPT et de la concentration en anthocyanes ([A] en mg.L^{-1}) :

$$[T] = \frac{(IPT - 7 - (20 \times [A] \times 0{,}001))}{12}$$

d) L'indice de gélatine

Cet indice permet d'établir un lien entre les tanins présents dans le vin et l'astringence qui lui confère. Au laboratoire Boissenot, j'ai utilisé de la gélatine soluble que j'ai mélangée au vin des trois modalités ; pour les témoins on ne met pas de gélatine mais de l'eau. Après trois jours d'attente à froid, on centrifuge les échantillons et on dose le surnageant en tanin. On note C_0 la concentration tannique du témoin et C_1 celle de l'échantillon traité à la gélatine. L'indice de gélatine I se calcule de la manière suivante :

$$I = \frac{(C0 - C1)}{C0}$$

e) Colorimétrie des vins

Plusieurs paramètres sont étudiés, les manipulations sont simples et les résultats assez facilement interprétables. L'intensité colorante (IC) correspond à la somme des densités optiques (DO) à 420 nm (jaune), 520 nm (rouge) et 620 nm (bleue). Plus l'IC sera grande plus le vin aura une couleur profonde. En faisant le pourcentage de chaque DO par rapport à l'IC on obtient la proportion de chaque couleur présente dans le vin. La teinte correspond à la proportion de jaune par rapport au rouge donc sa valeur augmente avec l'âge du vin. L'aspect rouge du vin (A%) ou éclat de la couleur rouge est intéressant quand le vin n'est pas rouge vif (520 nm). Ce paramètre permet d'apprécier la dominance de la couleur rouge quand il est difficile de la juger avec la seule et simple DO 520. Plus la valeur est élevée et plus le rouge est présent, d'après la formule :

$$A(\%) = \left(1 - \frac{(DO\,420 + DO\,620)}{2\,DO\,520}\right) \times 100$$

4. Résultats et discussion

a) *Répartition de la couleur*

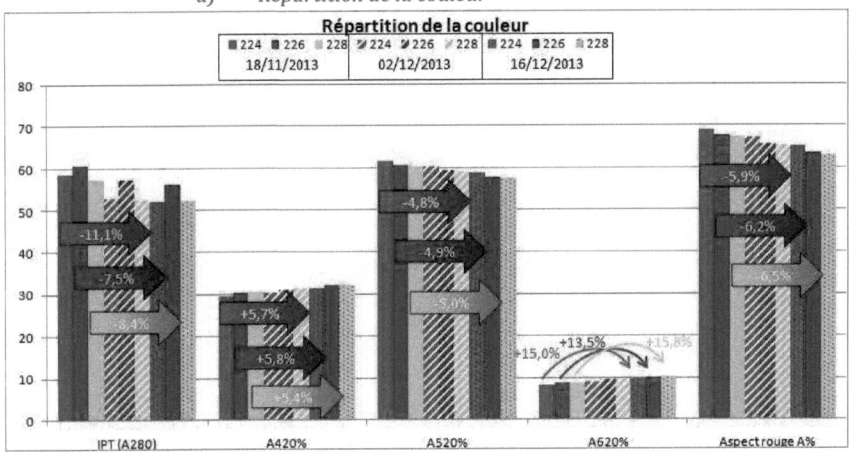

Figure 15

Les résultats de la répartition de la couleur (Fig. 15) sont ici interprétés. L'indice de polyphénols totaux montre, sans surprise, des teneurs plus élevées en composés phénoliques absorbant à 280 nm chez la modalité « GALALCOOL » (cuve 226) riche en tanins galliques. De plus, c'est la modalité la plus stable en matière d'IPT. Les tanins galliques ont pu se complexer avec des protéines instables (propriété des tanins galliques vue précédemment). Les complexes formés ont pu précipiter laissant stables les composés phénoliques indigènes en solution ; un autre phénomène pourrait être la formation de colloïdes stables par les gallotanins avec d'autres composés. On peut aussi imaginer que l'acide gallique, issu de l'hydrolyse des gallotanins dans le vin, forme avec les procyanidines des structures galloylées qui absorbent fortement dans l'UV, augmentant ainsi l'IPT. La modalité « POLYMUST V » (cuve 228) atteste d'une certaine stabilité. La PVPP piège les polyphénols instables ce qui évite leurs agrégations avec d'autres composés, les protéines végétales ont le même type de propriétés. On limite ainsi des phénomènes de précipitation. La modalité « TEMOIN » (cuve 224) est celle qui voit sa concentration en polyphénols baisser la plus rapidement avec une chute de l'IPT de -11,1 %. On peut supposer que c'est la modalité la plus instable mais la perte de polyphénols aurait sans doute été plus marquée sans l'ajout de tanins VR SUPRA.

La couleur jaune (A420%) augmente de façon similaire dans toutes les modalités mais légèrement moins pour « POLYMUST V ». L'augmentation de cette couleur témoigne d'un vieillissement oxydatif des vins. Dans notre cas, l'oxydation est relativement faible probablement grâce à l'ajout de tanins VR SUPRA. En effet les différences entres les modalités ne semblent pas significatives. Des composés comme le furfural, issu des raisins botrytisés, peuvent être à l'origine de structures jaunes. En outre, au cours d'une FML le pH augmente donnant lieu à une augmentation naturelle de la forme chalcone jaune des anthocyanes. Le pH a évolué, sur les trois modalités, de la même manière durant toute la FML. Comme « TEMOIN » a la plus faible couleur jaune, on peut en déduire qu'un simple ajout de tanins VR SUPRA, toutefois combiné à un ajout de SO_2 à 7 g/hL, suffit à rendre un moût botrytisé protégé des phénomènes oxydatifs. Par les nombreuses études sur l'oxydation des moûts botrytisés, on peut imaginer un témoin hypothétique sans VR SUPRA victime d'anomalies colorimétriques.

On constate des faibles chutes quasiment identiques de couleur rouge (A520%) dans toutes les modalités. On aurait pu s'attendre à une stabilisation de la couleur rouge pour « GALACOOL ». On a vu que les tanins galliques ont des propriétés réductrices et que leur utilisation pouvait être intéressante pour des vins ayants subi des phénomènes d'oxydations. Si le moût avait été oxydé, on aurait certainement remarqué une couleur rouge plus stable par rapport à celle du témoin. De plus, le pH s'accroît provoquant la baisse des formes « flavylium » de couleur rouge. L'aspect de la couleur rouge (A%) confirme la légère tendance à la baisse de la couleur rouge. On peut supposer que le moût a été protégé de l'oxydation par une macération courte des raisins dans la benne, un apport en SO_2 précoce (foulage) et par un tanisage en VR SUPRA réactif avec les polyphénols oxydases (laccase et tyrosinase) du moût. Sachant que les anthocyanes participent à la couleur rouge des vins, il semble difficile avec la seule A520%, de se prononcer sur les phénomènes de condensation des composés à l'origine de la stabilité de la couleur rouge.

La couleur mauve (A620%) augmente dans toutes les modalités ce qui est partiellement dû à l'augmentation de pH favorisant la forme « base quinonique » de couleur bleu-mauve. Il est possible d'avoir, en plus, des phénomènes de copigmentation ou/et d'associations ellagitannins/anthocyanes se traduisant par un léger effet bathochrome. Ce dernier se manifeste, dans le cas d'une copigmentation, quand la teneur en tanin est élevée et en présence de composés favorables comme des acides phénols et des flavonols. « GALALCOOL » a cependant moins augmenté cette couleur mais est la plus riche en tanins. Or, il faut garder à l'esprit qu'en présence d'éthanol seule la richesse tannique permet cet effet bathochrome ; l'hypothèse de la copigmentation n'est pas satisfaisante. En revanche, « TEMOIN », moins protégé de l'oxydation, a formé plus d'éthanal, d'ailleurs une odeur de pomme verte (caractéristique de l'éthanal) s'est souvent faite remarquée à cette période. Le début d'une condensation tanins/anthocyanes *via* l'éthanal a pu être à l'origine de composés de couleur mauve. L'interprétation du résultat concernant « POLYMUST V » semble plus compliquée.

b)   Intensité colorante et teinte

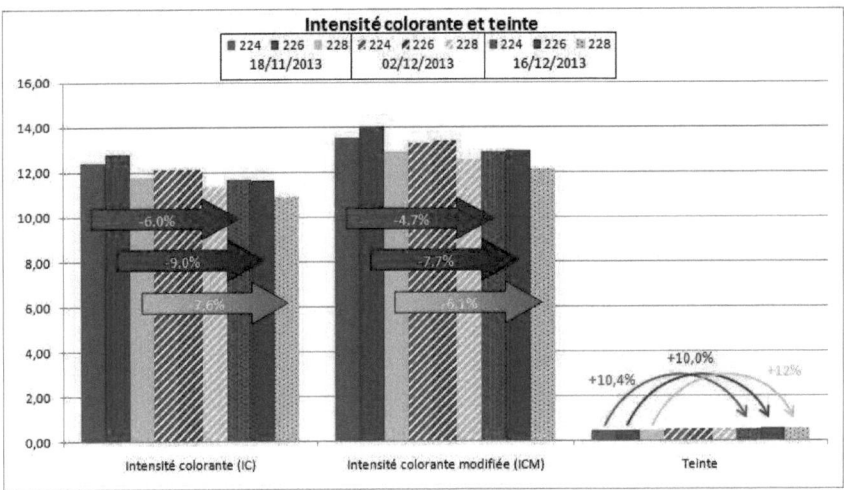

Figure 16

L'intensité colorante (Fig. 16) au cours de la FML baisse dans toutes les modalités. « GALALCOOL » semble avoir gagné plus de couleur durant la FA mais diminue un peu plus vite que les autres et « TEMOIN » finit par avoir la même intensité colorante en fin de FML. « POLYMUST V » a la plus faible intensité colorante avec une chute de couleur légèrement plus prononcée que le témoin. Ceci s'explique par le collage plus puissant de cette modalité engendrant la précipitation de matière colorante. Son utilisation sera préférée sur des vins rosés et des vins blancs. Finalement, « TEMOIN » a une bonne intensité colorante, on suppose que le VR SUPRA, grâce à ses tanins proanthocyanidiques, se montre garant d'une oxydation ménagée favorable à la stabilité de la couleur.

La teinte (Fig. 16), représentative des phénomènes d'oxydation, est en contradiction avec nos espérances puisque « POLYMUST V » a la teinte la plus élevée alors que le collage de composés sensibles à l'oxydation, ou substrats de la laccase permet d'éviter les déviances de couleur. Cependant, la part du jaune n'est pas très importante alors que le collage a pu limiter les combinaisons conférant une couleur rouge ce qui a pu augmenter la teinte. Qui plus est, la température n'était pas forcément homogène lors de la FML car le chauffage était plus localisé sur les barriques « POLYMUST V ». Or, il est aujourd'hui connu que la transformation des anthocyanes (notamment la malvidine) en chalcones (jaune pâle) est favorisée par des températures élevée (>20°C).

c)   *Le dosage des tanins et l'indice de gélatine*

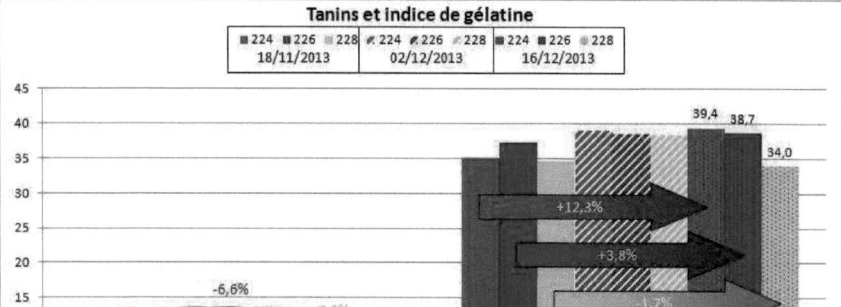

Figure 17

Les tanins totaux (Fig. 17) diminuent par précipitation mais également par liaison avec des anthocyanes. La teneur en tanins totaux de « TEMOIN » chute environ deux fois plus vite que les deux autres modalités. En outre, d'après l'indice de gélatine (Fig. 17), « TEMOIN » serait la modalité la plus astringente mais est très proche de « GALALCOOL ». Cette baisse peut s'expliquer par des associations anthocyanes/tanins favorisées pour « TEMOIN ». Mais il se peut qu'une précipitation des tanins les plus polymérisés, souples laisse dans le milieu des tanins un peu plus réactifs avec les protéines salivaires car la chute plus marquée de l'IPT, antérieurement évoquée est probablement due à une précipitation de tanins. Des valeurs moyennes comprises entre 38% et 41%, ici « TEMOIN » et « GALALCOOL », caractérisent des vins pleins et souples (Farines*et al*, 2008). « POLYMUST V » présente un indice plus faible et est par ailleurs la seule à diminuer au cours de la FML. Le « POLYMUST V » a peut-être été collé de manière excessive et a perdu trop de tanins pouvant laisser un creux en bouche que confirmeront ou non les dégustations. La méthode de dosage par calcul des tanins totaux ne permet pas de dire avec précision quels types de tanins sont dosés et dans quelles réactions ils interviennent ce qui réduit les possibilités de conclusion.

On a vu que le rapport Gélatine/Tanins (G/T) pouvait être plus intéressant que l'indice de gélatine. En effet, la notion d'astringence par rapport à la quantité de tanins nous renseigne sur le type de tanins présents. « TEMOIN » se démarque des autres modalités (voir *tableau 6*) par sa concentration tannique plus faible et son indice de gélatine plus fort. Logiquement, le rapport G/T du « TEMOIN » est le plus élevé, c'est donc cette modalité qui serait la plus astringente. « TEMOIN » a le moins de tanin et la plus forte astringence, il semble donc que des tanins plus réactifs soient présents. On peut supposer que la richesse tannique de « GALALCOOL » a donné naissance à des tanins plus complexes et plus stables. Mais il faudra attendre les résultats de la dégustation qui jugera de la qualité ses tanins. « POLYMUST V » par sa faible teneur en tanins et sa plus faible astringence nous indique que le collage des tanins réactifs a bien fonctionné mais que le collage d'autres tanins moins réactifs s'est également produit. Toutefois, à la vue de ces rapports, il est fort possible qu'il n'y ait pas d'excès d'astringence car on a vu qu'il y avait des risques que lorsque le rapport dépasse 20. On aurait pu penser que la légère sous-maturité des raisins pouvait conduire à la présence de tanins peu évolués encore trop réactifs avec les protéines.

Tableau 6

Cuves au 16/12/2013	Indice de gélatine	Concentration tannique (g/L)	Rapport Gélatine/Tanins
224	39,4	3,04	13,0
226	38,7	3,42	11,3
228	34,0	3,14	10,8

> d)   Le dosage des anthocyanes

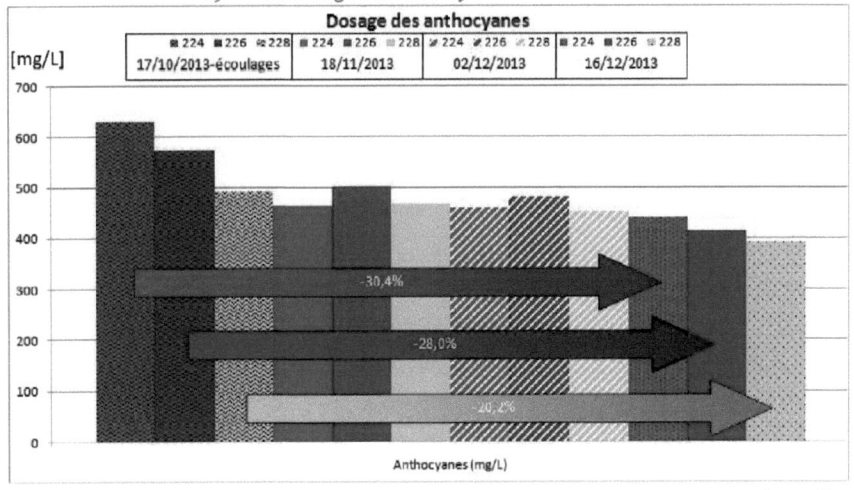

Figure 18

« TEMOIN » est celui qui a le plus d'anthocyanes totales (Fig. 18) mais celui qui conserve le moins bien ces anthocyanes, dans ce sens mais à moindre mesure vient « GALALCOOL » et enfin « POLYMUST V ». La diminution des teneurs en anthocyanes peut s'expliquer par plusieurs phénomènes : la dégradation oxydative des anthocyanes (chimique ou enzymatique) suivi de leur précipitation favorisée par les tanins œnologiques, la formation de pyranoanthocyanes (vue dans la recherche bibliographique), ou la condensation avec des tanins (directe ou indirecte). Le « TEMOIN » a la couleur rouge la plus élevée en fin de FML (vu précédemment), il se peut que ce soit dû à cette concentration plus grande en anthocyanes. En effet, il y aurait plus de malvidine de couleur rouge-violet. Par ailleurs, Cette plus grande teneur en anthocyanes en début de FML traduit le fait que les condensations avec les tanins aient été limitées pendant la FA, mais la dégradation plus rapide pendant la FML peut vouloir dire que ces mêmes condensations aient été, ici, favorisées. Les deux autres modalités partent avec un stock plus faible sans doute en raison d'un collage plus sévère, notamment pour « POLYMUST V », ou par plus de condensations anthocyanes/tanins pendant la FA. Cependant, on ne sait pas qui intervient le plus sur la couleur : anthocyanes ou associations anthocyanes/tanins, sachant que les anthocyanes ne sont pas stables dans le temps il est important de favoriser les combinaisons.

Cuves au 16/12/2013	Concentration tannique (g/L)	Concentration Anthocyanes (g/L)	Rapport Tanins/Anthocyanes
224	3,04	0,438	6,9
226	3,42	0,412	8,3
228	3,14	0,392	8,0

Tableau 7

On a précédemment vu que quatre fois plus de tanins que d'anthocyanes était favorable aux associations durables de composés phénoliques. Des concentrations pauvres en anthocyanes donnent des rapports élevés (*tableau 7*). Plutôt en accord avec les résultats précédents sur la couleur, « TEMOIN » a pour le moment un meilleur rapport. Toutefois, le vin n'a pas fini de voir sa concentration en anthocyane diminuée, tout dépend alors de leur combinaison qui traduit la stabilité de la couleur dans le temps.

e)   Stabilité de la couleur

Stabilité de la couleur au 04/12/2013		
Cuve 224	Cuve 226	Cuve 228
2,4	16,5	5,4

Tableau 8

Concernant la stabilité de la matière colorante (*tableau 8*), il s'agit d'un test de tenue au froid. La turbidité est mesurée avant et après un passage au froid. La matière colorante instable précipite en synergie avec les cristaux de tartre. Plus le delta de turbidité est élevé plus la matière colorante est instable. On considère une stabilité à un delta NTU de 2. Dans notre cas les résultats sont vraiment significatifs, la modalité « GALALCOOL » a le delta de turbidité le plus élevé donc présente réellement une matière colorante plus instable. « TEMOIN » est le plus stable et avec des couleurs plus intéressantes. « POLYMUST V » est plus stable que « GALALCOOL » mais la matière colorante est plus faible.

f)   L'analyse sensorielle

Trois tests triangulaires ont été réalisés à l'ISVV le 06/01/2014 des vins prélevés le 17/12/2013 (fin de FML) :

Deux « TEMOIN » avec un « GALALCOOL »   [TEST 1]

Deux « TEMOIN » avec un « POLYMUST V »   [TEST 2]

Deux « POLYMUST V » avec un « GALALCOOL »   [TEST 3]

Les dégustateurs devaient trouver le vin différent. Pour le TEST 1, sur un panel de 16 dégustateurs, 9 d'entres eux ont trouvé le vin différent. « GALALCOOL » est significativement différent de « TEMOIN » au seuil de 5%. Pour le TEST 2, 5 sur 16 ont trouvé le vin qui diffère ; « POLYMUST V » n'est pas différent de « TEMOIN » au seuil de 5%. Pour le TEST 3, 7 sur 16 ont trouvé le vin différent ; « GALALCOOL » n'est pas différent de « POLYMUST V » au seuil de 5%.

Trois tests de préférences ont été réalisés au Château Beaumont le 20/12/2013 des vins prélevés le 17/12/2013 (fin de FML) :

« TEMOIN » contre « GALALCOOL »   [TEST A]

« TEMOIN » contre « POLYMUST V»   [TEST B]

« GALALCOOL » contre « POLYMUST V»   [TEST C]

Pour le TEST A, 7 sur 12 dégustateurs préfèrent « GALALCOOL ». Pour le TEST B, 6 sur 12 préfèrent « TEMOIN ». Pour le TEST C, 9 sur 12 préfèrent « GALALCOOL ». « GALALCOOL » est la modalité préférée par les dégustateurs. Le même jour les trois vins ont été comparés par le même panel de dégustateur sur les critères suivants : fruité, végétal, éthanal, volume sur une échelle de 1 (faible) à 5 (fort) et les tanins de 1 (souple) à 5 (secs) (Fig. 19).

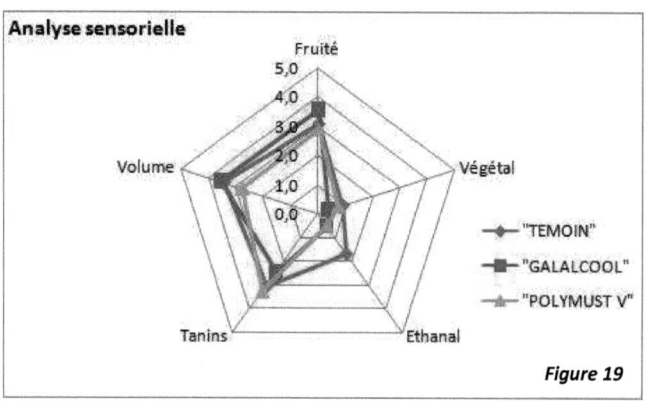

Figure 19

« GALALCOOL » se démarque par ses tanins plus souples et son fruité, « TEMOIN » par son caractère éthanal et ses tanins peu fondus et « POLYMUST V » par son manque de volume et une certaine sécheresse en bouche. Une dégustation en petit comité (5 personnes) avec l'œnologue confirme ces résultats avec plus d'acidité pour « TEMOIN ». Une dégustation interne au laboratoire Sarco n'a pas mis en évidence la présence de moisi-terreux.

5. Conclusions de l'expérimentation et perspectives

Globalement, on constate que les différences entre les modalités sont faibles. Il est donc difficile de parler de significativité des résultats. Néanmoins, on observe des tendances pour chaque modalité avec des résultats plus probants pour la stabilité et les analyses sensorielles. L'analyse des composés phénoliques, du dosage des tanins et des anthocyanes nous indique que « **TEMOIN** » a « perdu » des tanins et gardé un bon stock d'anthocyanes. D'un point de vue couleur rouge, il est toujours au-dessus des deux autres modalités ; de même pour la stabilité de la couleur qui est nettement supérieure. On en conclut que des combinaisons anthocyanes/tanins se sont produites avant FML. Cependant, la bouche est acide et agressive et les arômes sont masqués par l'éthanal en fin de FML. La FML languissante a pu oxyder le vin moins protégé que les deux autres. La figure 4 montre une dégradation de l'activité laccase plus lente pour « TEMOIN ».

La modalité « GALALCOOL » présente des couleurs très instables cependant son intensité colorante est la plus élevée mais non grâce à sa couleur rouge. Les tanins sont concentrés et relativement stables. On soupçonne des combinaisons de type $A^+ \rightarrow T^-$ pendant la FA mais trop peu pour donner une couleur stable. Le vin n'a pas été altéré par une casse oxydasique car il y a du volume en bouche et les tanins sont fondus. Le volume et donc la richesse tannique ont cette propriété d'adoucir le vin. En outre, au niveau aromatique, c'est la modalité la plus fruitée et appréciée sans doute parce que les arômes ont moins été oxydés.

La modalité « POLYMUST V » a la plus faible intensité de couleur et la plus haute teinte, les tanins sont asséchants en bouche. Au cours de la FML, cependant, les composés colorants et structurants varient peu ce qui est représentatif d'une certaine stabilité des composés. En revanche, c'est le collage en amont, à l'encuvage, qui a eu un impact négatif sur la structure tannique d'où l'apparition d'un creux et d'une agressivité en bouche. Les arômes sont soit réservés et pourront s'exprimer ultérieurement soit éliminés par oxydation ou précipitation mais on ne sent pas de défauts d'oxydation et les analyses colorimétriques sont corrects. La cinétique de dégradation de l'activité laccase (Fig. 4) est en plus la plus rapide.

La meilleure modalité en termes de stabilité semble être « TEMOIN ». Le simple ajout de tanins VR SUPRA est satisfaisant, mais malgré ces bons paramètres une oxydation à l'origine des odeurs « pomme verte » (éthanal), n'a pas permis de le juger correctement. L'inoculation d'un levain bactérien est la solution pour une FML rapide ce qui sera recommandé pour les prochaines expérimentations. Effectivement, la FML languissante a pu être a l'origine de l'oxydation ou aggraver une oxydation s'étant produite en amont. « GALALCOOL » n'est pas stable mais des phénomènes de combinaison peuvent se produire pendant l'élevage et maintenir la couleur. En revanche, ces arômes fruités et son volume en bouche témoignent d'une bonne protection face à l'oxydation. La modalité « POLYMUST V » est le résultat d'un collage excessif peu adapté pour les vins rouges.

Pendant l'élevage du vin en barrique, d'autres analyses pourraient être intéressantes pour se rendre compte de la stabilité des matières sur le long terme mais aussi des arômes. Pour étudier les molécules mises en jeu, des chromatographies liquides à haute performance (CLHP) nous permettraient de connaître les proportions d'anthocyanidines présentes et des combinaisons mises en jeu. Le dosage des tanins devrait être effectué par la méthode LA, d'autres indices nous renseigneraient sur le degré de polymérisation des tanins, leur structure spatiale, leur charge. Des techniques plus performantes nous donneraient des informations précieuses sur le degré de polymérisation et sur le pourcentage de galloylation pour étudier leurs rôles dans les propriétés organoleptiques (astringence, amertume, volume, …).

VI. Conclusion générale

Le millésime 2013 ne sera pas le millésime des grands vins rouges médocains en raison de son climat frais et de ses intempéries pendant les périodes essentielles du développement de la vigne. Néanmoins, une bonne gestion du vignoble avec des traitements adaptés permettent de réduire les dégâts provoqués par le mildiou et la pourriture grise. Le travail au chai n'est pas simple et un redoublement d'attention s'impose pour protéger au mieux, et avec les moyens du Château, le moût sensible à l'oxydation.

Le tanisage des moûts avec VR SUPRA semble un bon moyen de lutte pour préserver la matière colorante et structurante, mais leur apport doit être modéré pour éviter une astringence trop appuyée. Il doit être complété avec un sulfitage suffisant et en fonction du taux de pourriture. C'est, entre autre, un tanin très réactif avec les enzymes oxydasiques qui, en précipitant avec celles-ci, permet de garder les tanins indigènes. Seulement, un problème au niveau aromatique de « TEMOIN » ne nous permet pas de l'apprécier, de plus il est trop acide avec une astringence assez marquée.

La modalité « GALACOOL » nous amène à penser que les tanins galliques influent sur la préservation des arômes, qu'ils procurent également une bouche pleine et sans agressivité, mais pourraient avoir un impact négatif sur la stabilité de la couleur. Il faudrait, à l'avenir, tester différentes doses d'ajout de tanins galliques pour les mettre réellement ou non en relation avec la stabilité colorante. Enfin, il faut mieux préférer une utilisation du POLYMUST V pour les vins rosés et blancs comme le suggère le groupe Laffort.

D'après un article sur la thermovinification de Merlot qui sont aussi tanisés (Farines et al., 2008), on remarque, avant la FML, que l'IPT d'environ 35 est plus bas, que l'intensité colorante proche de 10 est inférieure à nos valeurs et que l'indice de gélatine d'environ 25 est également plus faible. La répartition des couleurs est, en revanche, très semblable. Il serait intéressant, à l'avenir, de comparer l'évolution de la couleur, des arômes et de leur stabilité entre une thermovinification et un tanisage avec différentes doses de tanins galliques.

VII. Bibliographie

FARINES, V., SALMON, C., GOURRIN, C., MULINAZZI, W., BLAISE, A., Tanins et copeaux : intérêt dans la stabilisation de la couleur des vins rouges issus de thermovinification, *Revue des œnologues et des techniques vitivinicoles et œnologiques* juillet 2008, n°128, p. 57-61

GALET, P., *Précis de viticulture (6ᵉ édition)*, Déhan, 1993. 582 p.

JOURDES, M., 2003, Thèse de Doctorat Chimie Organique, Réactivité, synthèse, couleur et activité biologiqued'ellagitanninsc-glycosidiques et flavano-ellagitannins, université de Bordeaux 1

KAHN, N., VIVAS DE GAULEJAC, N., VIVAS, N., Une nouvelle approche analytique pour la caractérisation des propriétés oxydoréductrices des tanins œnologiques, *Revue des œnologues et des techniques vitivinicoles et œnologiques* octobre 2010, n°137, p. 44-47

MORGE, C., Doit-on parler de PVPP au singulier ou au pluriel ?, *Revue des œnologues et des techniques vitivinicoles et œnologiques*juillet 2011, n°140, p. 22-24

PERRET, C., 2001, Thèse de Doctorat ès Sciences, Analyse des tanins inhibiteurs de la stilbène oxydase produite par *Botrytis cinerea*, Université de Neuchâtel

PEYNAUD, E., BLOUIN, J., *Le goût du vin (4ᵉ édition)*, Dunod, 2006. 237 p.

NEDJMA, M., CRACHEREAU, JC., BERCY, JM., RUELLAN, A., Optimisation de l'extraction et la stabilisation des polyphénols, *Revue des œnologues et des techniques vitivinicoles et œnologiques* octobre 2009, n°133, p. 13-17

RIBEREAU-GAYON,P.,DUBOURDIEU, D., DONECHE, B., LONVAUD, A., *Traité d'Œnologie (tome 1)*, Dunod, 2012. Le métabolisme des constituants azotés, p. 90-96

RIBEREAU-GAYON, P.,DUBOURDIEU, D., DONECHE, B., LONVAUD, A., *Traité d'Œnologie (tome 1)*, Dunod, 2012. Le contrôle de la fermentation, p. 102-104

RIBEREAU-GAYON, P.,DUBOURDIEU, D., DONECHE, B., LONVAUD, A., *Traité d'Œnologie (tome 1)*, Dunod, 2012. L'intervention de Botrytis cinerea, p. 377-392

RIBEREAU-GAYON, P.,DUBOURDIEU, D., DONECHE, B., LONVAUD, A., *Traité d'Œnologie (tome 1)*, Dunod, 2012. La vinification en rouge, p. 439-506

RIBEREAU-GAYON, P., GLORIES, Y., MAUJEAN,A.,DUBOURDIEU, D., *Traité d'Œnologie (tome 2)*, Dunod, 2012. Les polysaccharides de *Botrytis cinerea*, p. 110-112

RIBEREAU-GAYON, P., GLORIES, Y., MAUJEAN,A.,DUBOURDIEU, D., *Traité d'Œnologie (tome 2)*, Dunod, 2012. Les composés phénoliques, p. 179-258

SAUCIER, C., DRINKINE, J., LOPES, P., TESSEIDRE, PL., GLORIES, Y., Oxydation des vins : Impact sur les tanins et les anthocyanes, *Revue des œnologues et des techniques vitivinicoles et œnologiques* janvier 2008, n°126, p. 20-21

Hachette vins. [En ligne]. HACHETTE VINS [Consulté le 03 oct. 2013]. Disponible sur :http://www.hachette-vins.com/vin-pratique/fiches-vins/connaitre-1/les-sols-favorables-a-la-vigne-6/1.html

Laffort l'œnologie par nature. [En ligne]. LAFFORT, 2013 [Consulté le 03 oct. 2013]. Disponible sur : http://www.laffort.com/fr/mentions-legales

Monitoring laccase. [En ligne]. ETS LABORATORIES, 2013 [Consulté le 12 oct. 2013]. Disponible sur : http://www.etslabs.com/resources/publications/analytical-tools-for-harvest/monitoring-laccase.aspx

The Australian Wine Research Institute.[En ligne]. AWRI, 2013 [Consulté le 10 oct. 2013]. Disponible sur : http://www.awri.com.au/information_services/ebulletin/2011/04/07/botrytis-and-laccase-winemaking-strategies/

Vins, vignes, vignerons. [En ligne]. [Consulté le 25août 2013]. Disponible sur : http://www.vinsvignesvignerons.com/Geologie/Terroir/Sol-et-terroir

Viti-net. [En ligne]. NOUVELLE GENERATION DE PRESSE AGRICOLE, 2012 [Consulté le 03 oct. 2013]. Disponible sur : http://www.viti-net.com/vigne_vin/article/que-faire-pour-limiter-les-degats-19-74311.html

VIII. Abréviations

H : Atome d'hydrogène

OH : Groupement hydroxyle

OCH_3 : Groupement méthyle

NH_3 : Ammoniac

NO_3^- : Nitrate

H_2S : Dihydrogène sulfure

SO_2 : Dioxyde de soufre

CO_2 : Dioxyde de carbone

O_2 : Dioxygène

N_2 : Diazote

A.M : Ante Meridiem

P.M : Post Meridiem

AL : Activité Laccase

AT : Acidité Totale

AV : Acidité Volatile

CLHP : Chromatographie Liquide Haute Performance

DO : Densité Optique

FA : Fermentation Alcoolique

FML : Fermentation MaloLactique

IPT : Indice Polyphénolique Total

LSA : Levures Sèches Actives

Mp : Maturité pépins

PAE : Proportion d'Anthocyanes Extractibles

pH : potentiel Hydrogène

PVPP : PolyVinylPolyPyrrolidone

RPT : Richesse Phénolique Totale

TAV : Titre Alcoométrique Volumique

TAVP : Titre Alcoométrique Volumique Probable

°C : degrès Celsius

nm : nanomètre

mm : millimètre

mbar : millibar

$m.min^{-1}$: mètre par minute

g : gramme

kg : kilogramme

$\mu g.L^{-1}$: microgramme par litre

$mg.L^{-1}$:milligramme par litre

$g.L^{-1}$: gramme par litre

hL : hectolitre

$hL.h^{-1}$: hectolitre par heure

$g.hL^{-1}$: gramme par hectolitre

IX.   Annexes

A.   Annexe 1

Nous savons que 100 g.hL^{-1} de sulfate d'ammonium libèrent 210 mg.L^{-1} d'azote d'après Laffort. Vérifions par le calcul :

$$SO_4(NH_4)_2 \xrightarrow{eau} SO_4^{2-} + 2\,NH_4^+$$

Etat initial	x	0	0
Etat final	0	x	$2x$

En considérant la réaction de dissolution comme totale on a : $n_{NH_4^+} = 2x = 2n_{SO_4(NH_4)_2}$

On sait que :

$$n_{SO_4(NH_4)_2} = \frac{m_{SO_4(NH_4)_2}}{M_{SO_4(NH_4)_2}} \quad et \quad n_{NH_4^+} = \frac{m_{NH_4^+}}{M_{NH_4^+}}$$

On a alors :

$$\frac{m_{NH_4^+}}{M_{NH_4^+}} = 2 \times \left(\frac{m_{SO_4(NH_4)_2}}{M_{SO_4(NH_4)_2}} \right)$$

En sachant que : $\qquad M_{SO_4(NH_4)_2} = 32 + 16 \times 4 + 2(14 + 4 \times 1) = \mathbf{132\ g.mol^{-1}}$

Et que : $\qquad M_{NH_4^+} = \mathbf{14\ g.mol^{-1}}$

Calculons ce que produit 1 gramme d'$SO_4(NH_4)_2$, d'où :

$$\frac{m_{NH_4^+}}{M_{NH_4^+}} = 2 \times \left(\frac{m_{SO_4(NH_4)_2}}{M_{SO_4(NH_4)_2}} \right)$$

$$m_{NH_4^+} = M_{NH_4^+} \times 2 \left(\frac{m_{SO_4(NH_4)_2}}{M_{SO_4(NH_4)_2}} \right)$$

$$m_{NH_4^+} = 14 \times 2 \times \frac{1}{132} = 0{,}212\ g \approx \mathbf{210\ mg}$$

Donc **100 g.hL^{-1}** de sulfate d'ammonium apportent **210 mg.L^{-1}** d'azote assimilable sous forme d'azote ammoniacal.

B. Annexe 2

	T° mini en °C	T°maxi en °C	T° moy en °C	Am	AM	AJ
01-janv	7,9	12,4	9,3	15,0	32,2	23,6
02-janv	1,9	10,8	5,6	1,3	25,5	13,4
03-janv	2,7	11,7	7,8	2,4	29,2	15,8
04-janv	8,7	9,6	9,0	17,6	20,9	19,2
05-janv	6,3	7,4	6,3	10,2	13,4	11,8
06-janv	0,7	7,2	5,4	0,2	12,8	6,5
07-janv	5,2	6,0	5,7	7,3	9,4	8,4
08-janv	4,5	6,1	5,3	5,7	9,6	7,7
09-janv	5,0	8,0	6,1	6,9	15,3	11,1
10-janv	5,7	13,7	9,0	8,6	38,2	23,4
11-janv	2,5	13,3	6,7	2,1	36,3	19,2
12-janv	2,1	9,9	6,4	1,6	22,0	11,8
13-janv	5,1	7,0	5,8	7,1	12,2	9,6
14-janv	2,6	7,5	4,5	2,3	13,7	8,0
15-janv	3,2	9,3	6,5	3,2	19,8	11,5
16-janv	2,7	3,8	3,2	2,4	4,3	3,4
17-janv	-2,3	3,9	0,4	0,0	4,5	2,3
18-janv	-1,1	4,5	0,9	0,0	5,7	2,9
19-janv	2,0	6,8	4,9	1,4	11,6	6,5
20-janv	1,3	9,3	3,9	0,7	19,8	10,2
21-janv	4,3	9,8	6,8	5,3	21,6	13,5
22-janv	3,6	6,9	5,2	3,9	11,9	7,9
23-janv	1,9	7,4	4,4	1,3	13,4	7,4
24-janv	3,1	6,8	4,4	3,0	11,6	7,3
25-janv	-3,7	9,5	1,4	0,0	20,5	10,2
26-janv	1,8	12,0	7,7	1,2	30,5	15,8
27-janv	4,1	11,5	7,8	4,9	28,4	16,6
28-janv	5,1	13,6	9,0	7,1	37,7	22,4
29-janv	7,50	15,10	10,70	13,7	45,1	29,4
30-janv	5,6	17,3	10,6	8,3	56,8	32,6
31-janv	7,0	15,9	11,3	12,2	49,2	30,7
					TOTAL	420,1

	T° mini en °C	T°maxi en °C	T° moy en °C	Am	AM	AJ
01-févr	10,2	14,4	12,3	23,1	41,6	32,4
02-févr	5,7	9,6	6,9	8,6	20,9	14,7
03-févr	-0,4	10,7	5,2	0,0	25,1	12,5
04-févr	6,6	13,1	10,8	11,0	35,4	23,2
05-févr	5,7	12,4	8,9	8,6	32,2	20,4
06-févr	5,4	10,3	7,0	7,8	23,5	15,7
07-févr	2,6	8,6	5,3	2,3	17,3	9,8
08-févr	3,3	6,7	3,8	3,4	11,3	7,3
09-févr	-2,3	8,6	3,4	0,0	17,3	8,6
10-févr	6,3	11,2	8,2	10,2	27,1	18,6
11-févr	3,8	7,8	5,4	4,3	14,6	9,5
12-févr	0,1	9,8	5,2	0,0	21,6	10,8
13-févr	1,6	10,7	6,5	1,0	25,1	13,0
14-févr	6,7	14,3	9,8	11,3	41,1	26,2
15-févr	3,2	12,7	7,5	3,2	33,6	18,4
16-févr	0,8	12,5	5,7	0,3	32,7	16,5
17-févr	0,0	13,4	5,8	0,0	36,8	18,4
18-févr	2,8	13,9	7,5	2,6	39,2	20,9
19-févr	3,2	14,9	7,9	3,2	44,1	23,6
20-févr	-0,2	15,9	6,8	0,0	49,2	24,6
21-févr	1,3	10,0	4,0	0,7	22,4	11,5
22-févr	-1,9	4,8	0,5	0,0	6,4	3,2
23-févr	-2,5	2,6	-0,2	0,0	2,3	1,1
24-févr	-2,0	5,5	1,8	0,0	8,1	4,0
25-févr	0,4	4,3	2,0	0,1	5,3	2,7
26-févr	0,0	5,8	1,8	0,0	8,8	4,4
27-févr	-2,0	10,0	3,2	0,0	22,4	11,2
28-févr	-2,5	12,1	4,8	0,0	30,9	15,5
					TOTAL	398,9

$V = KT^c$

$V = Vitesse\ de\ débourrement$

$T = Température\ (°C)$

$K\ et\ c = Coefficients\ variétaux$

$AJ = \dfrac{(Am + AM)}{2}$

$AJ = Action\ Journalière$

$Am = KT^C = 0{,}444 \times T°mini^{1{,}702}$

$Am = Action\ minimale$

$AM = KT^C = 0{,}444 \times T°maxi^{1{,}702}$

$AM = Action\ Maximale$

$TOTAUX = \sum AJ$

Pour le Merlot Noir :

$V = 0{,}444 \times T^{1{,}702}$

Date de débourrement quand $\sum AJ = 1255 \mp 12$

	T° mini en °C	T°maxi en °C	T° moy en °C	Am	AM	AJ	TOTAUX
01-mars	0,6	11,4	4,6	0,2	27,9	14,1	14,1
02-mars	1,7	5,7	2,5	1,1	8,6	4,8	18,9
03-mars	-3,2	15,3	4,7	0,0	46,1	23,1	42,0
04-mars	1,7	18,8	10,3	1,1	65,5	33,3	75,2
06-mars	11,3	16,9	13,9	27,5	54,6	41,1	116,3
06-mars	10,4	15,1	12,2	23,9	45,1	34,5	150,8
07-mars	7,1	20,7	13,6	12,5	77,1	44,8	195,6
08-mars	11,3	18,9	13,6	27,5	66,1	46,8	242,4
09-mars	6,7	18,3	11,1	11,3	62,5	36,9	279,3
10-mars	5,5	18,0	10,9	8,1	60,8	34,4	313,7
11-mars	6,8	14,1	9,7	11,6	40,1	25,9	339,6
12-mars	3,6	8,1	5,1	3,9	15,6	9,8	349,4
13-mars	-0,3	6,8	2,6	0,0	11,6	5,8	355,2
14-mars	0,0	8,4	3,8	0,0	16,6	8,3	363,5
15-mars	-3,4	11,9	4,2	0,0	30,1	15,0	378,5
16-mars	0,6	13,5	7,2	0,2	37,3	18,7	397,2
17-mars	7,1	12,2	7,8	12,5	31,4	21,9	419,1
18-mars	4,4	9,2	6,5	5,5	19,4	12,5	431,6
19-mars	2,1	12,8	7,5	1,6	34,0	17,8	449,4
20-mars	4,3	13,3	8,5	5,3	36,3	20,8	470,2
21-mars	4,5	20,1	10,7	5,7	73,4	39,5	
22-mars	7,3	20,9	12,8	13,1	78,4	45,7	
23-mars	5,2	17,4	11,1	7,3	57,4	32,4	
24-mars	6,8	17,7	11,7	11,6	59,1	35,3	
25-mars	7,8	12,9	9,9	14,6	34,5	24,6	
26-mars	6,4	14,7	9,6	10,5	43,1	26,8	
27-mars	2,7	14,1	8,8	2,4	40,1	21,3	
28-mars	5,6	12,1	8,0	8,3	30,9	19,6	
29-mars	4,9	17,7	11,4	6,6	59,1	32,9	
30-mars	10,4	14,4	11,0	23,9	41,6	32,7	
31-mars	4,8	12,8	8,0	6,4	34,0	20,2	
						TOTAL	801,3

Jusqu'au 18 mars : $\sum AJ = 420{,}1 + 398{,}9 + 431{,}6 = 1250$

C'est donc notre date de débourrement théorique.

Rendement de deux parcelles « Fould »

PARCELLE EN FIN AOUT	Ha	CLPA GE	DENSITE PLANTATION N	POIDS MOYEN D'UNE GRAPPE	RENDEMENT JUS mini	RENDEMENT JUS maxi	NB MOYEN DE GRAPPES PAR CEP	III	Hl/Ha éstimé MINI	Hl/Ha éstimé MAXI	Hl/Ha Moyenne
FOULD 6	2	M	6666	0,12	0,71	0,83	6,72	0,01	38	45	41
FOULD 8	2	M	6666	0,16	0,71	0,83	7,88	0,01	60	70	65

Comptage divers de sept parcelles

Parcelles en 2013	pieds totaux	pieds malades Esca	% de pieds malades	pieds morts	complants (n)	manquants	pieds peu productifs	pieds a remplacer	% pieds à remplacer	pieds non productifs	% de pieds sans raisin en 2012	pieds productifs	% de pieds productifs en 2012	% de pieds productifs dans l'avenir
1	3536	9	0,3	13	14	120	235,0	142	4,0	391	11,1	3145	88,9	89,3
2	1501	10	0,8	4	60	4	134,0	18	1,2	212	14,1	1289	85,9	89,9
3	6966	56	0,9	40	240	48	384,0	144	2,1	768	11,0	6198	89,0	92,4
4	3293	7	0,2		41	20	207,0	27	0,8	275	8,4	3018	91,6	92,9
5	3591	9	0,3	5	17	69	290,0	83	2,3	390	10,9	3201	89,1	89,6
6	1301	6	0,5	6	66	17	91,0	29	2,2	186	14,3	1115	85,7	90,8
7	7886	144	2,1	16	288	32	584,0	192	2,4	1 064	13,5	6822	86,5	90,2

Comparaison des différents types de traitements

MILDIOU		optidose				conventionnel				bio				temoin			
		bilan 1	bilan 2	bilan 3	total	bilan 1	bilan 2	bilan 3	total	bilan 1	bilan 2	bilan 3	total	bilan 1	bilan 2	bilan 3	total
intensité (%)	grappes	2,4	3,2	3,6	3,1	0,4	0,8	1	0,73	0,4	3,6	6,4	3,5	24	30,33	43	32,4
	feuilles	3	6,4	7,4	5,6	3,4	6	7	5,6	5,4	10,6	12,96	9,6	12,83	24,7	39,4	25,6
frequence (%)	grappes	0,08	0,16	0,16	0,14	0,04	0,08	0,12	0,08	0,04	0,16	0,32	0,2	4,36	5,1	5,1	4,9
	feuilles	2,96	10	13,56	8,84	2,32	9	11,92	7,5	2,76	12,24	15,76	10,3	6,2	14,17	17,6	12,7